U0166654

后浪出版公司

鸟之千谜

画像 / 象征 / 传说

Les mille secrets des OISEAUX

PORTRAITS / SYMBOLES / LÉGENDES

[法]吉扬·勒萨弗尔（Guilhem Lesaffre） 瓦莱里·维多（Valérie Videau） 著

何艳红 译 钟悦陶 审校

漓江出版社
·桂林·

鸟之千谜

画像 / 象征 / 传说

目　录

前言 1

鸟类的多种象征 3

鹰 5
云雀 5
鹡鸰 6
红额金翅雀 6
猫头鹰 6
鹳 9
蜂鸟 9
和平鸽 9
乌鸦 10
杜鹃 10
天鹅 10
雀鹰 13
雉鸡 13
隼 13
莺 14
鹤 14
苍鹭 14
鸮 18
燕子 18
戴胜 21
朱鹮 22
鸢 22
鹅 23

孔雀 26
鹈鹕 29
凤凰 30
喜鹊 32
鸽子 33
夜莺 34
秃鹫 34

关于鸟类的俗语 39

小鸟胃 41
快活得像只燕雀 45
发出海雕的叫声 50

艺术作品中的鸟儿 53

画中的鸟儿 55
电影里的鸟儿 56
文学作品中的鸟儿 59
歌声里的鸟儿 64
邮票上的鸟儿 70

花园里的鸟儿 73

观鸟时间 74
观鸟方式 76
林岩鹨 78

白鹡鸰 79
红腹灰雀 80
黄道眉鹀 81
红额金翅雀 82
灰林鹀 83
紫翅椋鸟 84
白喉林莺 85
灰白喉林莺 86
庭园林莺 87
黑头林莺 88
黑顶林莺 89
松鸦 90
短趾旋木雀 91
槲鸫 92
欧歌鸫 93
锡嘴雀 94
家燕 95
戴胜 96
歌篱莺 97
金黄鹂 98
欧乌鸫 99
青山雀 100
大山雀 101
煤山雀 104
沼泽山雀 105
家麻雀 106
大斑啄木鸟 107
小斑啄木鸟 108

欧洲绿啄木鸟 109
红背伯劳 110
斑尾林鸽 111
苍头燕雀 112
欧柳莺 113
叽喳柳莺 116
戴菊 117
新疆歌鸲 118
欧亚鸲 119
欧亚红尾鸲 120
赭红尾鸲 121
欧洲丝雀 122
普通鸦 123
蚁䴕 124
欧斑鸠 125
灰斑鸠 128
鹌鹑 129
欧金翅雀 130

前　言

欢迎来到迷人的鸟类世界！

　　鸟儿有着多彩的羽毛、动听的鸣唱声、飞翔的英姿。随着四季交替，它们来来往往于不同的栖息地。这些禀赋足以令它们在世界各地的意象世界里，以及各种不同形式的文化中，占据重要的地位。

　　从壁画艺术中的图画，比如法国肖韦（Chauvet）岩洞中所刻的猫头鹰壁画，到飞机机身上的鸟类装饰，鸟类的影响力从未间断。在古代，鸟类占据着神圣的位置。可以看看以下著名的例子：埃及神话中的荷鲁斯神隼头人身，洛摩罗斯和瑞摩斯依据秃鹫的数量决定了罗马城的建址。

　　时间更近些的，如斯堪的纳维亚神话中的乌鸦、长期以来激起人们恐惧感的猫头鹰，都是人类和鸟类之间特殊关系的证明。今时今日，虽然鸟类已不再与魔法联系在一起（至少在西方社会里），但它们依然存在于人类的意象世界中。文学、电影，或者许许多多的广告，皆可证明鸟类的影响无处不在。

　　幻想的、假想的、改变形态的鸟类，充斥着人类生活的方方面面。这促使我们更深入地了解真实的鸟类以及它们的日常生活，尤其在鸟类的生存遭受着极大威胁的今天。

鸟类的多种象征

　　不管是栖息在树枝上，还是优雅地翱翔在天空中，鸟儿都代表着纯净与自由，尤其是自由。而飞翔让人失去理智，希腊神话中伊卡洛斯的传说极好地描述了这一点。伊卡洛斯穿上用蜡封的羽毛做成的飞行装备，以逃离米诺斯。他陶醉于自由的感觉，忘了父亲"要谨慎"的叮嘱，因飞得过于接近太阳而导致蜡翼熔化，一头栽落，坠海身亡……

　　在历史故事以及不同的文化中，鸟类都有着很丰富的象征意义。那么，就让我们与这些缤纷多样的鸟儿一起，在各种传说中翱翔吧。

鹰

美丽、力量、威望、优越以及权力，这些都是对"天空之王"——鹰的赞美之词。它是众多机构及国家的标志。在古罗马，鹰曾是宙斯的宠物及军队徽章上的纹饰。1804年7月10日，拿破仑亲自把鹰选为法兰西第一帝国的象征。今天，鹰也出现在许多标志上，比如德国的国徽。在德国发行的一欧元及两欧元面值的硬币上，鹰位于中心，周围环绕着一圈星星。

在亚洲和美洲印第安人的神话中，鹰还被视为太阳的化身。因为这种猛禽不仅可以飞翔在云层之上，还可以直视太阳而不被灼伤眼睛，真是惊人。

在西方的信仰中，鹰常与凤凰相提并论，并不是因为它可以如传说中的凤凰一般在烈焰中重生，而是因为它拥有恢复青春的神力。那么它是如何重获青春的呢？据说它久曝于烈日后浸泡在水中，即得复原。

在印度、墨西哥等国的传统文化中，口中叼着蛇的鹰有"正义战胜邪恶"的寓意。

云雀

这是一种非常谦逊的鸟儿，如同哲学家加斯东·巴什拉（Gaston Bachelard）所强调的那样，它是"农夫的伙伴"，象征着热情和快乐。云雀真是吉祥的鸟儿，有它出现的田野总有吉兆。罗马神话中的农业丰收女神刻瑞斯便是以它的形象作为标志的。

它那一飞冲天和猛然俯冲的姿态，表达了天与地两个世界的融合，因此它在高卢人心中有着神圣的价值。对高卢人来说，这只羽毛上点缀着美丽条纹的鸟儿，可以不知疲倦、毫无怨言地带领亡魂升到天堂。它每天飞两个来回：早上，为那些在黑夜里逝去的人；晚上，为那些亡故在白日里的人。

高卢人占多数的古罗马云雀军团把云雀当作信使，军团成员的头盔上饰有云雀羽毛。

鹡鸰

这种华美的小鸟代表的是魅力与魔法。古希腊的爱与美之神阿佛洛狄忒就是以它的形象作为标志的。古语有云：挑衅鹡鸰之牧人需留心，其羊群迟早会受到诅咒！因为鹡鸰被认为是牧群的保护神。

红额金翅雀

这种小鸟有着美丽的朱红色脑袋，它象征着基督的苦难。在基督教里，它额头上的那点红被认为是基督留下的血迹。它的拉丁文学名*carduelis*来源于"carduus"。"carduus"意为"飞廉"，它的种子是一种生活在地中海附近的鸟类的食物，飞廉的叶子的形状让人联想到耶稣头上的荆棘冠，因此红额金翅雀经常出现在众多基督圣像上。

猫头鹰

人们对这种昼伏夜出的鸟儿并不吝修辞。它扮演了无知、狡猾、沉思、懒惰、死亡、智慧、警觉和吝啬的角色。品种不同，善恶象征意义也不同。比如说在日本，仓鸮是与恶魔联系在一起的，而灰林鸮则是神的信使。在很多文化中，这种出没于暗夜中的鸟儿并不是什么好兆头。对罗马尼亚人来说，猫头鹰的叫声预示着邻居的死亡。

在希腊神话中，智慧女神雅典娜清澈而敏锐的眼神与灰林鸮有关联。因此，这种鸟便成了雅典城的守护神，出现在某些硬币上。渐渐地，人们把女神的品质（聪明、智慧与洞察力）都赋予了猫头鹰。

两个不同的角色

猫头鹰，别名"鸮"。是仓鸮还是灰林鸮？千万别弄混了，它们可是扮演着不同的角色：仓鸮守护着历史的遗迹，准确地说是传承祖先的经验与学识；灰林鸮则扮演着夜晚守护神的角色，提醒人们恶魔的出现。在中世纪，灰林鸮的名声不太好，因为人们认为它有邪恶的力量，尤其教会把它与死亡和巫术联系在一起。人们也想当然地认为，这种猛禽晚上狩猎而白天潜伏，实在有些古怪。

鹳

这种鸟喜欢在阿尔萨斯（法国东北部地区名）及附近的烟囱上逗留，它代表的是警觉、慈善、怜悯以及孝顺。象征着孝顺并不奇怪，年轻的鹳照顾年老的父母，而父母可以为子孙们鞠躬尽瘁，与其他鸟类相比，鹳的母性光辉更为强大。照片、动画片或书籍中常出现嘴里叼着宝宝的鹳。

在希腊神话中，这种爪子细长、体态优雅的鸟与生育有关，因为它献身于孕妇的保护神——赫拉。

蜂鸟

这种色彩鲜艳的鸟儿是鸟类中名副其实的佼佼者。它可以往任何方向拍打翅膀，可以悬停，甚至能轻而易举地倒飞！怀揣此等绝技，蜂鸟代表了生命的轻盈，生活的快乐、自由，以及迅速的适应能力。对很多人来说，它还是一个图腾：激励人们快速地应变局势，更好地感受世界，自如地适应环境。同时，蜂鸟的精神也鼓励人们在逆境中保持心态平衡，让心灵得到平静和安宁。

在南美洲，更准确地说在安第斯山脉地区，蜂鸟是复活的象征。它在寒冷的夜晚死去，又在温暖的阳光下复生。另外，在玛雅人的传统中，蜂鸟与黑色的太阳神和"第五个太阳纪"〔在纳瓦霍人（Navajo）的世界里，第五个太阳纪指我们目前所处的时代〕有关联。阿兹特克人相信，那些在战争中死去的人会重生成为蜂鸟或者蝴蝶。最后，在印第安霍皮族（Hopi）中，流传着蜂鸟把人类从饥荒中拯救出来的神话。蜂鸟可以与神对话，确保霍皮族人一年里有丰盛的收成。

和平鸽

完美的白色和平鸽代表着基督，是爱情、和平和温柔的象征，同时又具备了简约、虔诚、真诚、希望和贞洁等优点。

那鸽子是怎么与"和平"这个概念联系在一起的呢？答案可以追溯到《圣经》。在大洪水后期，诺亚从他的方舟里放出一只鸽子，去查看大地上的洪水是否退下。晚上鸽子归来时，口中衔着一枚橄榄枝，这意味着洪水已退下，神的愤怒已平息。

希腊神话中也有它。鸽子跟爱与美之神阿佛洛狄忒有关，它陪伴在女神的身边。

在许多仪式上，人们通常以放飞鸽子的方式来表达对自由或希望的向往。

乌鸦的羽毛黑乎乎的，在它身上我们看不到多彩斑斓的世界。这鸟儿象征着不忠、黑魔法、欺骗、强硬、谎言和愤怒。自古以来，它那乌黑的羽色也象征着神秘、秘密及诡异。它以战亡或被行极刑之人的血肉为食，它的坏名声与死亡联系在一起。

千万别做瑞典和德国的乌鸦：在瑞典，它代表的是被谋杀之人的鬼魂；而在德国，它则代表着那些罪该万死的灵魂。

在英国，它的意义是最正面的。根据传说，只要伦敦塔上有乌鸦盘旋，英国就不会被外族侵略。在法国，乌鸦有着人性化的面孔，它是匿名告密者的化身。

很多神话传说中都有乌鸦的身影。这些传说皆可证明它那狡猾的性格与告密者的身份。北欧威力最大的神——奥丁，就很清楚这一点。只要停留在他肩膀两边的两只乌鸦向他报告所有发生的事情，在黑暗的森林中给他指引，他便能做出判断。

古希腊人认为乌鸦原本是白色的，是阿波罗神从乌鸦那里得到坏消息后暴怒，把它变成了黑色的鸟儿。从此之后，乌鸦为了自保总是保守秘密。

杜鹃

当心，粗鲁无礼的杜鹃出现了！这只可以飞得很高的鸟儿在别人的盘子里吃起白食来，可是一点都不含糊，准确地说，应该是从其他鸟儿的鸟巢里吃白食。它是怎么做到的呢？只需要把蛋下在其他鸟的巢里，那些养父母就会替它养育这些小杜鹃。这就是为什么杜鹃代表的是不忠和寄生。

天鹅

水面上的天鹅多么高贵典雅。除此以外，天鹅还保留了美丽、庄重、纯洁、温柔等优点。它还代表着爱情。它一身洁白无瑕的羽毛给了无数诗人、哲学家和精神分析学家灵感。不只如此，希腊神话中的宙斯就着迷于天鹅的美丽，毫不犹豫地化身为天鹅去诱惑斯巴达的勒达皇后；音乐与诗歌之神阿波罗的战车也是由两只雄伟的天鹅拉着的。

白天鹅代表的是纯洁，而黑天鹅代表的则是玄奥。

雀鹰

雀鹰虽有亲和力，但名声却不好。它与那些同属的猛禽一样，象征着速度与贪婪。象征贪婪是因为它攻击其他小鸟，尤其是比它弱小的鸟儿。因此，在某些神话里，它是恶魔的化身，它会用翅膀蛊惑故事中的主角，以便吞食他。在布列塔尼的传说中便是如此，它是魔鬼的化身，如同灰林鸮、斑鸠和蝙蝠一样。在这些传说中，上帝会通过与雀鹰的对比，赋予鹰、乌鸫、燕子和百灵鸟正面的意义。

在中国，雀鹰曾经被认为是斑尾林鸽的化身以及秋天的象征。

雉鸡

在中国，优雅的雉鸡扮演着神秘的角色。它拥有平稳的鸣唱声和蹦蹦跳跳的求爱姿态。

在某些东亚国家的信仰里，雉鸡会让人联想到细雨、暴雨、狂风和春天。换句话说，这种鸟儿象征的并非平静，而是变化无常和焦虑。

在中世纪，雉鸡可以与神话中起死回生的凤凰相提并论。

隼

隼的叫声可以劈开长空。隼从前被用于飞行狩猎，让人想起力量、威严和速度。

在埃及的神话中，荷鲁斯是隼之神，亦是蔚蓝之神和天空之神。他的名字也意味着"遥远"，同时象征着飞往高处。荷鲁斯拥有太阳的神力，也代表着星体运行的轨迹。日月是他的双目，给他指引。隼是代表着白天或黑夜的12个小时的12种神圣动物之一。它也是希腊人、罗马人和印加人的图腾之一。

在欧洲的传统中，尤其是日耳曼人的文化中，隼被看作是好战的：它出色的视力使它成为无双的守卫者。它的智慧和坚定的意志鼓舞着我们定好目标并为之全力以赴，达成目标的清晰愿望指引着我们专注于自己真正想要的东西。如此一来，通向成功的道路便会畅通。

莺

它的鸣唱声丰富了我们的春天和夜晚。歌林莺（法语：fauvette orphée）是极少数我们可以在夜幕降临时听到它鸣啭的鸟儿。它的名字来自希腊之神俄耳甫斯（法语：Orphée），这位神不畏死亡走入地府营救自己的妻子。

莺还是"时装皇后"。它用鸟喙刺破树叶，把树枝插进去，筑成坚固的鸟巢。这项技能是它成为"裁缝"的标志性象征。

鹤

作为候鸟，鹤代表着谨慎、忠诚和警觉。正是因为警觉这个优点，它才可以被驯化为忠诚的"护卫"。

有些人笑话鹤，觉得它单足站立时的神情非常可笑；可法国人的祖先却赞美它对配偶的忠诚。

在中国，鹤的舞蹈代表了纯洁、繁荣与重生，因此也是灵魂不死的象征。

在印度则完全相反，除了赤颈鹤之外，其他的鹤类都与背信弃义有关。

在欧洲，鹤也背负着不太好的名声：要么是愚蠢的同义词，要么被用来形容作风轻浮的女子。

苍鹭

苍鹭可以好几个小时单足站立而不动摇。在中国，它象征着耐心、力量、纯洁和长寿。

对美洲印第安人来说，它体现的是智慧。对易洛魁人（Iroquois）来说，它是运气的象征；易洛魁人也敬佩苍鹭狩猎和捕鱼的技巧。非洲人则相信苍鹭可以与神对话。在柬埔寨的一些宗教里，苍鹭代表着干燥；如果它栖息在房屋上，便预示着火灾。

沉思的苍鹭！

苍鹭与鹳和鹮一样，都是蛇的天敌；它也是基督的标志，邪恶的天敌。

在法国文化中，这种有着长喙的鸟不停地在沼泽里翻来覆去地寻找食物，因此它代表着好奇心，甚至是冒失。在象征意义方面，苍鹭那可以单足站立而纹丝不动的技能，至少向人们展示了良好的自控力。这种鸟儿好像总在沉思，它伫立于水中，同时连接了三种物质：土、水和空气。

在希腊神话里，苍鹭与水仙女斯库拉有关联。传说中，她因爱上了克里特的国王米诺斯而背叛了自己的父亲。可米诺斯虽然战胜了水仙女的父亲，却不愿娶她，甚至将她用链子绑在军舰的舰首上。好在众神怜悯斯库拉，把她从水中救出来，并助她化身为苍鹭。

对古人来说，苍鹭的爪子可是价值连城的宝贝：人们把它煮熟并提炼出精油，然后把这种神奇的精油涂在渔网上，作为鱼饵。据说，此精油也可以缓解痛风，增强视力，滴在耳朵里还可以治疗耳聋。

鸮

黑夜里的叱咤声、圆睁着不动的大眼睛，鸮让我们联想到悲伤、黑暗与怀旧。我们也赋予它智慧和学识的象征意义。

在希腊神话中，鸮与帕耳卡女神们有关。这三姐妹是命运女神，以解开或剪断命运之绳为使命。三姐妹中，阿特洛波斯的职责是切断生命之线。鸮是她的解语者，与死亡密切相关。

在古代，夜幕降临的时候若能看到飞着的鸮是个好兆头，但如果当时它唱着歌则预示着死亡即将来临。

在一些神话传说中，鸮可以联结现实世界和精神世界。

美洲原住民将鸮与智慧联系在一起，并视鸮为知识的守护神。澳大利亚的原住民把它看成传达秘密的信使。与此相反的是在欧洲大陆，这种昼伏夜出的鸟并不怎么被看好。在中世纪，人们认为它和女巫是一家的，罗马人把它和黑暗魔法联系起来。不过，鸮有更多的理由飞往中国：在那里，它不仅很受欢迎，还被视为神鸟，铁匠们会把它的图案打在徽章上；同时，它也是冬至和夏至的标志，因此也象征着拨云见日、重返光明。

燕子

如果说有哪种鸟，全世界的人对它的看法都一致，那就是燕子了。它可是个真正的吉祥物。作为春天的信使，它代表着很多意义，比如自由、幸福，还有纯洁、耐劳和运气。

每当春天，它飞向法国的时候，随着这种优雅的候鸟而来的便是芳草重生和万物复苏。它始终如一，每年都会从非洲越冬地飞回原来的地方筑巢。

谢谢你，燕子！

古法语里燕子叫作"aronde"，虽然现在名字不一样了，但它那为了回故乡可以飞一万公里的本领却没有改变。这也是为什么当水手们看到燕子的时候，将它视为归期将至的预兆。燕子代表着吉祥，所以那些敢于杀它的人应当警惕，因为杀燕子会遭遇不幸。

我们可以看到，一说起燕子人们总是有很多赞美之词。在众多的宗教传统中，它与繁殖和生育之类的宗教仪式联系在一起。有些传说甚至认为，年轻的女孩受孕是因为吃了燕子蛋。所以千万别打扰燕子，尤其是被它选中筑巢的房子：人们认为家中有燕子的鸟巢意味着在即将到来的季节里，运气会伴随家人左右。

人们多么迷恋"小燕子"！在古希腊，听说第一个传回燕子归来消息的人，将会收到许多礼物。罗马人认为，只要看到第一只归来的燕子，就可以确保不会有眼疾或牙病。在德国，人们也尊崇这个传统，而且认为看到第一只燕子的时候要赶快扭头看看自己背后，这样可以看到过去的幽灵。德国人认为还应该往天上看：如果看到天上飞着这种小小的候鸟，那此人应该赶紧用左脚在地上刨出个洞，他会在洞中找到一种神药。

拥有这么多的赞美之词，燕子可以有双"骄傲的翅膀"了。它的全身上下几乎都可以给人带来福利和便利。比如，它的鸟巢或者排泄物可以预防痉挛、头痛和喉咙痛，还可治疗便秘。另外，传说燕子的鸟巢还被认为是魔药，甚至可以说是恋爱魔药。年轻的女孩子只要把它浸在牛奶中让心仪的人喝下，对方便会疯狂地爱上她。

戴胜

戴胜鸟头顶上有漂亮的羽冠，它代表着美丽、虚荣和恩赐。自古这种鸟儿就令人兴趣盎然，现在人们仍然对它津津乐道。它甚至作为所罗门王和示巴女王的信使和中间人，堂而皇之地出现在《旧约》里。

在波斯文化中，戴胜鸟甚至可以"插足"夫妻关系，它与配偶之间的道德行为密切相关。

在中世纪，戴胜鸟没有好名声，它代表着一切狡猾或邪恶的事物；还有些人认为它能带给诗人灵感，因此把它和富有创造力的人所拥有的内在力量联系在一起。12世纪著名的波斯诗人法里德·阿尔－丁·阿塔尔（Farid al-Din Attar），在他的著名寓言叙事诗《百鸟会议》中慷慨地赞扬戴胜鸟。诗中描述，当所有的鸟儿都走上寻找鸟中之王的征程时，唯有戴胜鸟可以给它们做引路人。它是无形世界的信使，头顶上戴着真理的王冠。此次百鸟征程象征着灵魂的神圣之旅，是一段寻找真理的旅途。

在民间文化中，有些非洲和近东的女巫用戴胜鸟的眼睛、爪子和羽毛制作避邪之物。

在近东，戴胜鸟常被用于邪术。比如，如果一个孩子吃了戴胜鸟的心脏，便会喜欢上宗教；如果他用戴胜鸟的羽毛做书签，便可以顺利毕业；如果用其鸟喙做成的笔来书写魔法药方，那此药方定会灵验。

> **相关传说**
>
> 根据波斯的一个古老传说，戴胜鸟的前身是一位已婚妇女。一日，她在镜前梳头的时候，她的公公没有敲门就走了进来。这位妇女在受惊之后，变成一只鸟儿飞走了，梳子还插在头上。另外一个传说则是这样描述的：有一位女子很善良，她的丈夫却不学无术。一天，丈夫发现她正在哭泣，便暴打了她一顿。年轻的女子只好恳求上帝把她变成戴胜鸟，好飞走离开。

朱鹮

在埃及，没有任何一种鸟像朱鹮这样受到人们的喜爱、赞扬和崇拜。它甚至是托特神的化身——托特神通常被描绘为鹮首人身。托特是智慧、艺术和文士之神，同时还是天文学家、会计、医者以及魔法师之神。不止于此，朱鹮还象征着知识和宗教，是代表着白天或黑夜的12个小时的12种神圣动物之一。这种崇拜的心理促使埃及人把朱鹮的尸体用防腐香料裹住，保存在陶土器罐中。正因如此，考古学家在发掘塞加拉（Saqqara）墓地的时候发现了百万只朱鹮木乃伊。

被光环笼罩的朱鹮在万全保护中成长。敢动朱鹮的人，等于是把自己送上了断头台，哪怕只是动了它一根羽毛。根据传说，波斯国王冈比西斯二世是在鸟嘴呈弯弓形的朱鹮的帮助下，才攻入杜姆亚特城成为主人的。据说这位波斯国王找来大量的朱鹮，放在己方士兵们的头上，以阻止被困在杜姆亚特城的敌军反攻，因为对方不敢冒险杀死圣鸟。于是，很快杜姆亚特城便落入了冈比西斯二世的手中。

在民间神话中，有一条长了翅膀的蛇想要入侵埃及，据说只要朱鹮的一根羽毛，就足以把它吓跑。朱鹮也是蚱蜢和毛虫的天敌。有了这样的"守卫者"，埃及人当然可以高枕无忧了。

鸢

嫉妒、贪婪和掠夺，这三个形容词正适合这种肉食性的鸟。

希腊神话把鸢与光明之神阿波罗联系在一起。根据传说，当暴风雨之神堤丰攻击天庭的时候，奥林匹亚的众神逃到埃及的沙漠里，每位神变身为一只野兽：阿瑞斯变身为鱼，赫耳墨斯变身为朱鹮，狄俄尼索斯变身为山羊，阿波罗则变身为鸢。只有宙斯和他的女儿雅典娜女神，与这个强大的恶魔搏斗。堤丰的手指是百个龙头，这些龙头甚至可以触碰到天上的星星。几经磨难，宙斯打败了堤丰，把他囚禁在埃特纳山下。

一直到16世纪和17世纪，在巴黎和伦敦这样的城市里，皇家鸢仍然是城市街道的清道夫。得名"皇家鸢"，是因为国王路易十三借助猎鹰捕猎鸢，他把鸢尾中心的两根羽毛剪断作为其猎物的记号之后，又从卢浮宫的窗口放飞了鸢。街道清洁夫距皇室只有一步之遥。

鹅

鹅入选智者之列且名列前茅。尽管鹅的缺点是固执，但它也象征着谨慎、精明、忠贞和警觉。它的某些象征意义与天鹅的象征意义很相似。另外，在很多文化中，鹅身上完美的白色使它成为纯洁、无辜和朴素的化身。

在古埃及，鹅被认为是天与地之间的信使。因此，每当有新的法老登基时，人们就会在地平线的四方放飞野鹅，这样的"芭蕾舞剧"会在罗盘方位上的每一个点上演。

神奇的警报器！

在古罗马，鹅可是比看门狗还要管用。公元前390年的一天晚上，鹅作为国会大厦（罗马的宗教中心）的"警报器"，发出了巨大的尖叫声，它们拍打着翅膀，终于惊醒了罗马人。正因这惊人的警报信号，才避免了高卢人的入侵。

在罗马神话中，鹅与朱诺女神——妇女和婚姻的保护神有关。这种白色的鸟象征了夫妻之间的忠贞。当年轻的男子给所爱之人送上一只鹅时，那可真是爱的表示。这样的示爱仿佛在给年轻的女子鼓劲，让她接受男子的求婚。中国人也把鹅看成是忠贞的象征：在订婚的时候送一只鹅，即为立下誓言。

据说，德鲁伊教祭司会根据不同的季节，通过阐释迁徙的鹅的飞行轨迹来预知未来：如果它们飞往海的方向，好天气就会来临；如果它们成群结队飞往山冈避难，那么风暴将至。

尽管在法国文化里"白鹅"这个词是说女孩子的单纯甚至无知，但其实这种鸟在美洲印第安原住民的占星术中是很受尊重的。对他们来说，鹅不仅是纯洁的象征，还意味着十全十美。

孔雀

不可置信，孔雀简直就是长着腿的调色板。它象征的是风情、荣耀、正义、骄傲，以及不死。但是为什么孔雀会与不死联系在一起呢？在中世纪的时候，人们认为孔雀的肉是不会腐烂的；它的肉是那么细腻，一直到18世纪都能在皇家餐桌上品尝到。可这种精致的鸟在中世纪并不只是作为烤肉而存在的。它穿梭在皇家园林和修道院的园林里骄傲地成长，地位堪比天鹅、和平鸽。

在希腊神话里，孔雀是婚姻女神赫拉（等同于罗马神话中的朱诺女神）最喜爱的动物。神话中，为了表彰它守卫百眼巨人阿耳戈斯的忠诚，女神把巨人的百只眼睛安在了她喜爱的鸟——孔雀的羽毛上。

在4000年前的印度，孔雀已经是不死和富饶的象征。因为孔雀与太阳轮很相像，它不死的精神也同样出现在基督教的传统之中。由于它的羽毛会在春天重新长出来，所以在基督教的艺术作品中，孔雀象征着重生与复活。至于它的尾巴，会使人联想到布满星斗的天空。

在埃及，孔雀和朱鹮一样，也被认为是圣鸟，因为它能杀死毒蛇。在印度，它也不害怕爬行动物的叮咬，它与这些动物的斗争暗示着光明与黑暗的斗争。

在中国，孔雀是和平、繁荣与美丽的象征，人们很难不被它那一身惊人的羽毛迷倒。

在中东，这只美丽且具有眼状斑羽毛的鸟被刻画在生命之树两边（形式通常有版画、油画、雕刻），象征着灵魂的纯洁以及人类心理的二元性。

它们有眼睛！

在古埃及，法老使用的扇子上装饰着孔雀的羽毛。而持此圣扇是何等地荣耀，这把扇子可是用鸵鸟或者孔雀的羽毛精雕细琢而成的。

在天主教里，孔雀羽毛上的这些"眼睛"，理所当然地被认为是教皇的眼睛，它们警惕地守护着所有的教堂。

"莱昂！莱昂！"

　　这是公园里回荡着的雄孔雀的叫声，因为风的关系，几公里之外都能听到，根本不可能被忽略。这叫声从它栖息的高处传来，似乎在叫某一个不为人知的"莱昂"。至于雌孔雀，它也会被雄孔雀的这种叫声和尾屏吸引，尤其是当雄孔雀以骄傲的姿态，打开那华丽的圆轮时。

鹈鹕

鹈鹕外表很酷，而且还是个"奶爸"。这种水栖的大鸟会让人联想到善良、虔诚、救赎、慈善和怜悯。

鹈鹕在中生代的时候就已出现，带有喉囊的鸟喙使它像天鹅和鹰一样拥有丰富的象征意义。

埃及人喜欢它到要在花园和宫殿里饲养的地步。在中世纪的西欧，这种白色的鸟曾是基督教教堂里虔诚的象征。

希腊和罗马有很多传说。某个传说提到，人们看到鹈鹕反刍带着血腥的鱼肉，以为它刺破自己的肉来哺育幼儿，于是就把鹈鹕与父母之爱联系在了一起。

在罗马天主教教会的传说中，鹈鹕用自己的身体来哺育儿女，这一行为就如同基督用自己的鲜血拯救人类。因此，鹈鹕被比喻为主的牺牲，象征着慈善的鹈鹕出现在很多祭司的外衣上。另外，白鹈鹕是罗马尼亚的国鸟，它的形象出现在许多徽章上。

凤凰

传说中凤凰羽色鲜艳，它在熊熊烈火中自焚，又从灰烬中重生，如此轮回。人们自然地把它与长寿、不死和重生联系在一起。

在古埃及，凤凰也被称为"火鸟"，是类似于大雕或苍鹭、可以活5个世纪的鸟。当它感到自己死期将至的时候，便用香木筑巢，然后引火自焚。3日之后，一只新的凤凰就会从尚有余温的灰烬中出现。这种鸟在埃及很受人尊敬，它与太阳崇拜有关。

除了可以无数次地重生这一能力之外，凤凰还有一种天赋：会读人心，可以识破不纯净的灵魂。

喜鹊

这位穿着黑白衣服的少女与乌鸦同族，却毫不相像：乌鸦可以谨慎地保守秘密，喜鹊却很聒噪。喜鹊自然是喋喋不休、荒唐、狡猾和虚伪的象征。

喜鹊和乌鸦曾一同与巫术和魔法联系在一起。它天资聪慧，很清楚怎么观察人类的活动，想必正因如此，从前的人们认为它会偷走人的灵魂。

在北欧神话中，喜鹊正是和死亡女神赫尔联系在一起的。

在希腊神话中，皮厄里得斯九姐妹向缪斯姐妹发起了歌唱比赛的挑战。这九姐妹输了还不服气，谩骂缪斯。众神给了九姐妹毫无回转余地的惩罚：把她们由鹰身女妖变成了喜鹊。

高卢人的德鲁伊教祭司作为哲学先知，就经常求教于这种双色鸟。对先知来说，喜鹊身小智慧大，反而能给他们很好的建议。

虽然喜鹊是个"机会主义者"，也被认为是"小偷"，但它仍然是快乐的象征，因为有时它会给人们带来喜讯。如果看到它停在石榴树的枝头，便会传来家族绵延的喜讯。

鸽子

　　不管是在威尼斯的圣马可广场，还是在法国，鸽子都曾低低地掠过我们的头顶。鸽子在那些代表着战斗、独立和愤怒的城市里非常常见。为何愤怒？无疑是与欺骗有关，俗语里的"被当成鸽子"，指的是上当受骗的意思。

　　躲避鸽子的粪便实属不易，但是鸽子的忠诚还是很值得我们尊重和钦佩的。自罗马帝国时代，人们就已经开始使用信鸽来传递消息：它可以携带信物或者编译过的信件。正因意识到它的这一本领，罗马人搭建起了无数个巨大的鸽棚，每个鸽棚甚至可以容纳5000只鸽子！波斯人、希腊人和中国人也很早就发现了鸽子这种天生可以归巢的本能。

　　从13世纪起，马穆鲁克王朝就开始利用鸽子在穆斯林国家中传递信息。如果它们的羽毛上涂有藏红花，那它们带去的是好消息；而如果羽毛上沾有眉墨（一种黑色的矿物粉）的污迹，则是坏消息。

　　不管是不是信鸽，鸽子的所有特点会让我们赋予它更正面的意义。

带翅膀的英雄

　　鸽子曾经在第一次世界大战中扮演了非常重要的角色：作为名副其实的鸽子兵，在早期没有电话、通信的偏远地区，鸽子可以帮人们传递信息。这位信使不知疲倦地振翅高飞，带回重要的军事情报。

夜莺

能与这个天生的歌唱家相媲美，可不是一件轻而易举的事。自古以来，夜莺在文学与歌曲中最为出名，它把我们的夜晚变得如此美妙，它首要象征的当然是魅力与诗情，至于歌声倒还在其次。这小小的雀形目鸟儿象征着春天中荡漾的快乐、激情和疯狂的爱。即便有乌鸫和欧歌鸫这样的竞争对手，它仍然是那张让人颤抖的王牌。

没有一只夜莺唱歌会跑调，因为夜莺爸爸很早就开始给雏鸟上音乐课了；也因如此，人们还认为它是很优秀的教育家。

在东方，人们对它的看法和在欧洲一样，这种拥有一身朴实无华的羽毛的小鸟很早就被认为是幸福的预兆。在中国，它被认为是世上最优秀的歌唱家。安徒生的童话《夜莺》也提到了这位歌唱家。童话故事里，它可以平息痛苦，驱赶死亡的阴霾。在维克多·雨果的诗集《沉思集》中，它也悄悄地飞进了其中的一首诗。

秃鹫

作为腐肉的爱好者以及死亡的盟友，秃鹫的名声并不太好，它象征着死亡；但它也具有重生、警觉、保护和聪慧等优点。对，没错，就是重生！秃鹫以各种难以自然分解、可能造成环境污染的动物尸体为食，这只"清道夫"净化了大自然。

在埃及神话中，秃鹫是生育的象征，代表母亲的象形文字与秃鹫的象形文字相同。在古代艺术中，众母之神穆特就常常以秃鹫的形象出现。埃及人坚信秃鹫是非常优秀的母亲，他们甚至认为所有的秃鹫都是雌性的。

对于印度教教徒来说，秃鹫象征着个人的牺牲，以及当生活遭遇不快时保持耐心的态度；而对于希腊人来说，它是最有预测天赋的鸟类之一。

关于
鸟类的俗语

小鸟胃

小鸟胃

这个称呼是形容人吃得少，换句话说，不像一头饥饿的狼。这句俗语可以追溯到18世纪中叶，一位叫穆瓦诺（Moineau[1]）的夫人，与常人相比，她饭量很小，胃口如同麻雀一样。可是，人们应当再仔细想想，这句俗语忽略了一件事：麻雀和人的体形不一样。如果麻雀的饭量跟人的一样，那麻雀可比人的胃口好多了。

小鸟头

这个称呼是形容人的脑袋像朱顶雀。在大众的认知里，朱顶雀脑袋极小，因此被用作是丢三落四的或者善变的指代。虽然椋鸟的法语名字"étourneau"与法语单词"étourdi"（丢三落四）有相同的词源，可椋鸟也没必要因未被纳入俗语而嫉妒朱顶雀。而且像"驴头""猪头"或是"鹤嘴镐头"[2]……这些俗语证明了"××头"这样的表达方式并不经常是褒义词。

总之，如果你被称为"小鸟头"，这可是个坏消息：你看起来是个丢三落四、轻率、没头脑的人，甚至智力有些缺陷。

嘴张得像小嘴乌鸦

首先，别把"打哈欠"和"张口呆望"混淆了。人们张口呆望，可能是因为犯懒或在做白日梦。

其实在16世纪的时候，人们说的是"嘴张得如鹳"，很快"小嘴乌鸦"便取代了"鹳"。这个俗语是想说：人们愚蠢地、空虚地发呆，平白浪费时间。

---

1 Moineau 在法语里是麻雀的意思。——译者注
2 "驴头""猪头""鹤嘴镐头"等法国俗语都是牛脾气、固执的意思。——译者注

站得像鹳一样

　　这句俗语字面上的意思是像鹳一样单足站立在沼泽里几个小时。具体地说，站得像鹳一样，就是说在同样的地方，站着等待很长的时间。其实在16世纪，人们说的是"装成鹳"。一个世纪后，人们更喜欢说"站得像鹳一样"，反正两种说法都是出自"鹳"这个词，意为"等待"。

　　自15世纪以来，这种说法也可以指那些妓女，她们一只脚抵墙站着，花枝招展，等待着嫖客。"站街"便成了这些女人的职业代名词：她们在固定的地方站着等客人。

蟾蜍的唾沫击不中白色和平鸽

体表有许多疙瘩的两栖动物蟾蜍在很多传说中象征着缺陷和丑陋，当然它的唾沫远远不能触及那纯洁的、白色的和平鸽。更何况和平鸽在天空中飞得那么高，可以远离流言蜚语。

自19世纪中叶以来，这个隐喻是指"拒绝恶语中伤"。无可指摘的人就如同《圣经》里的圣灵，如纯洁的和平鸽一样，诽谤是中伤不到他的。

像杜鹃一样瘦

这种会鸠占鹊巢的鸟其实非常贪吃，但因为它不停地东奔西跑，所以身材保持得较好，尤其到了春天瘦得像枚钉子。这句俗语就是这么来的，用来形容很瘦的人。到了秋天，它又重拾丰满的身材。其实，这种说法主要形成于20世纪中叶，但至今仍然存疑，因为另外一个俗语"像杜鹃一样胖"，说的是一个过于肥胖的人。

一只不祥之鸟

自古以来，人类通过观察鸟类的飞翔、聆听鸟类的鸣声来预测未来。在古罗马，预言家便是那些负责将自然现象（比如闪电）解释为某种预兆的牧师。他们的预言很受人们的期待及尊重。人们在做重大决定之前总是会先征求他们的意见，没有他们的高明之见，就无法参战或选举。

观察鸟类是预测未来的一条有用线索。比如说，如果一只飞禽在观察者的左边拍打翅膀，那未来便很糟糕，灾难就要降临；如果是在右边，那便是吉兆。

几个世纪以来，这句俗语都不曾消失过。因为今天的"一只不祥之鸟"指的是某个人，他的到来预示着一个不幸的事件或坏消息。

像喜鹊一样嘴碎

用喜鹊来形容话多的女人是从17世纪开始的。即便在今天，这句俗语仍然可以用在话多的人身上，不过已不分性别。但为什么要用这只黑白相间的鸟儿做此比喻呢？原因很简单，喜鹊叽里呱啦的饶舌和带着鼻音的嗓音，有点像一个喋喋不休却言之无物的人。

法语中，"bavard"（嘴碎）这个词是从"bave"（唾沫）一词拓展而来的，意味着口水和话语。一个话多的人在喋喋不休的时候总要口沫横飞。

喜鹊并不只是健谈而已，它还是个"小偷"！它会瞄准亮晶晶闪光的东西，然后拍动翅膀，飞快地抓住那件东西。但喜鹊并不是冒失鬼。

快活得像只燕雀

如果你心情愉快地吹着口哨，那么可以说"你快乐得像只燕雀"了，你快活的样子就如同这小小的雀形目鸟儿在唱歌。

它太喜欢唱歌了，如果它认识你的话，你可以在它的演唱会上点歌。"快活得像只燕雀"这句俗语可以追溯到17世纪末，那时人们将性格开朗的人和色彩艳丽的燕雀联系在一起。

44

快活得像只燕雀

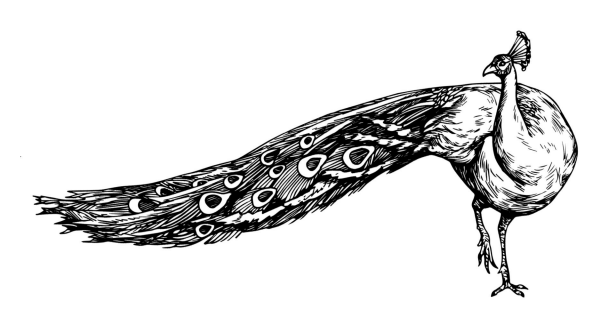

骄傲得像只孔雀

当然了，孔雀有着令人惊艳的美丽羽毛，当它的尾屏展开成一个
半圆时，没有哪种鸟儿能比得上。但若孔雀因此而感到骄傲，甚至有
点傲慢，那就……

法语中，"paon"（孔雀）这个词来源于拉丁语 *pavo*，延伸为动词
pavaner，意为"昂首阔步"。如果说孔雀因美丽的尾屏吸引了行人，
那它也应该为它那破锣嗓子而保持低调。其实准确地说，这个俗语是
指一个傲慢的人用可笑和滑稽的方式显摆自己。

百灵鸟的镜子

　　这句俗语可以追溯到第二次世界大战时期，来源于猎人。原本，"镜子"指的是一个用木块做成的陷阱，上面放置着一面镜子。猎人摇动这个陷阱，令镜子反射出耀眼的光芒，吸引鸟类过来，尤其是百灵鸟。然后，猎人只需要用网把落入陷阱的飞禽抓住或者用枪射击它。

　　形象地说，"百灵鸟的镜子"就是给一个人设下的愚弄他的陷阱。

发出海雕的
叫声

滑稽剧里的雄火鸡

这个俗语换句话说，就是上当受骗，成为骗局的受害者。

法语"farce"（滑稽剧）起源于拉丁语"*farse*"。"*farse*"可以追溯到13世纪，意思是"愚弄"。而法语"dinde"（雌火鸡），指的是非常天真、容易被愚弄的女孩，更不用说愚蠢的女孩了。法语"dindon"（雄火鸡）也有同样的引申义。

这句俗语的来源可以追溯到中世纪，那时在滑稽剧里，小丑演员所扮演的容易受骗而被儿子嘲笑的父亲，就是以雄火鸡的形象出现的。于是人们就用"火鸡父亲"这种嘲笑的话语形容那些受骗的男人。1896年，舞台上又一次出现了"雄火鸡"，法国剧作家乔治·费多（Georges Feydeau）让这可怜的飞禽在同名的滑稽歌舞剧中成了名。

发出海雕的叫声

仅仅是两个字母的差别，可怜的海雕（法语：orfraie）从16世纪起，便被错误地指责用其发出的尖锐叫声吓唬人。但其实海雕完全是无辜的，叫声是仓鸮（法语：effraie）发出的。昼伏夜出的仓鸮发出的叫声确实能让大人小孩都害怕。尽管海雕的罪名已经被洗清，可这句俗语还是像标签一样贴在了它身上。这句俗语指的就是发出尖锐、刺耳又可怕的叫声。

艺术作品中的
鸟儿

自古以来，鸟类就给全世界的艺术家提供了源源不断的灵感，艺术家们也以作品致敬鸟类的优雅和美丽。

美丽的鸟儿飞进了大银幕中或是落在了书页上、画布上，甚至是歌声里！让我们在一些重要的艺术作品中来个短途旅行吧。

画中的鸟儿

好样的，布拉克！

你有没有像鹳一样站在卢浮宫前等待参观？不过即使绕远路而来，卢浮宫也值得一游！当您站在亨利二世大厅的时候，只需要仰起头来就能看到由乔治·布拉克所画的那幅巨大的《鸟》（*Les Oiseaux*，另名《两只鸟》）。这位法国画家、雕塑家以及版画家在近70岁高龄时接受了为卢浮宫亨利二世大厅创作屋顶画的委托。这幅作品绘制于1952—1953年，使用了多层次着色法。这幅巨大的壁画由3幅大画布组成，描绘了在深蓝色背景下，周围环绕着白色和黑色的两只鸟。

马格利特……神奇！

马格利特，比利时超现实主义画家，喜欢在物体与其艺术表现之间制造差距。例如那两幅烟斗和苹果的画，下面写着"这不是一支烟斗"和"这不是一只苹果"。他的那幅油画《天空之鸟》（*L'oiseau de ciel*）描绘了3个元素：大海、天空和一只和平鸽。和平鸽的轮廓里点缀着有柔软白云的天空，处于垂直状态的鸟好像正准备飞起来躲避海浪。

这幅作品常被误以为创作于1947年，事实上它是在1965年出现于飞机机翼上的。是马格利特的朋友吉尔贝·佩里耶（Gilbert Périer）为了给比利时航空公司做公司标志，向他订购的，而吉尔贝·佩里耶正是该公司的总经理。比利时航空公司现已不存在了，而这幅艺术品在2003年的拍卖会上以340万欧元的价格被拍卖。

毕加索的画笔

杰出的西班牙油画家、绘画家和雕塑家毕加索，在他父亲，一位油画教师的悉心培养下，从8岁起就拿起画笔，直到去世时才把它放下，一生创作了近5万幅作品。1949年，作为共产党员的毕加索接受法国共产党的委托，为世界和平运动支持者们在巴黎组织的第一届世界保卫和平大会创作了《和平鸽》，自此毕加索画笔下的和平鸽成为和平运动的象征。1949年2月，欧洲各大城市的墙上都张贴了白色的和平鸽。

电影里的鸟儿

阿尔弗雷德·希区柯克的《群鸟》

1963年，住在加利福尼亚州的波德加湾小镇可并不是什么好事，成千上万的乌鸦以及其他的飞禽攻击了当地的居民。不过这只是艺术行为，电影制片方花了3年的时间来筹备，包括训练了成千上万的鸟儿，以及为了制造恐怖气氛所做的其他电影特效。这部惊悚片让人在两小时的观影过程中不自觉屏住呼吸，它是根据英国小说家达夫妮·杜穆里埃于1952年发表的小说《鸟和其他故事》（*The Bird and Other Stories*）所改编的。

雅克·贝汉、雅克·克鲁奥德和米歇尔·德巴的《迁徙的鸟》

为了这部2001年上映的纪录片，导演和制片人等也毫不犹豫地"迁徙"了！在3年的时间里，他们周游世界，追踪过30多种候鸟，这些鸟中有鹅、鹳、鹤以及鸭子。超过400人陪着他们参与了这场难以置信的冒险，同时他们还借助了各种各样的机器，比如说超轻型飞机，它能最大限度地靠近鸟儿。为了更好地保护这些鸟类，这部纪录片也插上了"翅膀"。

当哈利·波特在魔法学院时，一只送给哈利·波特的猫头鹰

在哈利·波特11岁生日的时候，他做梦也想不到有什么能比有一只猫头鹰更好的礼物了。在英国作家J.K.罗琳笔下的7部小说中，海德薇这只忠诚的信使跟随着年轻的巫师经历了一系列疯狂的冒险。

这套魔幻文学系列作品在全世界总销量超过5亿本，已被翻译成超过70种语言，甚至包括拉丁语和布雷顿语。

在儿童电影方面

动物，包括各种不同的鸟类，都是很多动画片里的主角。鸽子、鹦鹉、猫头鹰，或者鸦、海鸥和信天翁翱翔于天空，给少儿观众带去了快乐。

文学作品中的鸟儿

夏尔·波德莱尔的《信天翁》

这首诗出自波德莱尔于1861年发表的诗集《恶之花》，表达了这位法国作家萎靡不振的心情。在那个时代，诗人不被理解，又为忧郁所困，他借亚历山大体的四行诗展现了人在面对高尚的渴望和堕落的诱惑之间撕裂挣扎的状况。

波德莱尔20岁时，在乘船前往毛里求斯岛的旅途中产生了创作《信天翁》的念头。这只鸟儿被捕获、被戏弄的画面，映射的正是在那个时期被孤立、被周围人排斥的诗人。

水手们常常是为了开心取乐，
捉住信天翁，这些海上的飞禽，
它们懒懒地追寻陪伴着旅客，
而船是在苦涩的深渊上滑进。

一当水手们将其放在甲板上，
这些青天之王，既笨拙又羞惭，
就可怜地垂下了雪白的翅膀，
仿佛两支桨拖在它们的身边。

这有翼的旅行者多么地靡萎！
往日何其健美，而今丑陋可笑！
有的水手用烟斗戏弄它的嘴，
有的又跛着脚学这残废的鸟！

诗人啊就好像这位云中之君，
出没于暴风雨，敢把弓手笑看；
一旦落地，就被嘘声围得紧紧，
长羽大翼，反而使它步履艰难。[1]

1　夏尔·波德莱尔.恶之花[M].郭宏安，译.桂林：广西师范大学出版社，2002：205。——编者注

阿蒂尔·兰波的《乌鸦》

阿蒂尔·兰波15岁拿起笔写下了第一首诗。但他那些边缘的思想以及反叛的一面并不符合所有人的口味，尤其在巴黎诗歌界。1871年，这位法国诗人在《乌鸦》这首诗里，通过大自然抒发了自己的情绪。此诗说到了1870年法国在战争中败给了普鲁士，其实也是诗人本身在文学圈的失败。读过这首诗的人就能明白，兰波以为在诗歌界掀起革命会有立竿见影的效果，结果不仅什么都没有发生，自己也被打垮了。

乌鸦是黑色的死亡天使，兰波用乌鸦所代表的不祥之兆来比拟那些被杀的战士。死亡或缺失几乎贯穿了整篇四体六行诗。冬日的景观衬托出生命力的匮乏，反映了诗人沉浸在绝望中的状态：与那充满希望和万物重生的春天截然不同，冬天没有花，没有芽，也没有色彩……

主呵，当牧场冰冷，
村舍萧瑟，
当悠长的钟声止息……
大自然草木凋零，
你从无垠的长天
降下翩翩飞舞的亲爱的乌鸦。

奇异的军旅带着凄厉的哀鸣，
寒风侵袭着你们的巢穴！
沿着发黄的河流
和通往十字架的古道，
在壕沟之上，洞穴之上，
你们散开，又重新聚集！

冬天，法兰西的原野上，
沉睡着刚刚倒下的死者，
你们黑鸦鸦的一群在上空盘旋，
为使每个行人驻足回想！
或是为了某种使命而声声召唤，
噢，我们的黑鸟，在为谁送葬！

然而，天空的圣者，在橡树之上，
在旗杆消失的苍茫黄昏，
让五月草长莺飞，
陪伴着深深的灌木丛中
和牧场上的长眠者，
战争的失败已无可挽回。[1]

1　阿蒂尔·兰波.兰波作品全集[M].王以培，译.北京：
东方出版社，2000。——编者注

在儿童文学方面

《海鸥乔纳森》

乔纳森，是一只海鸥，于1970年在美国作家理查德·巴赫笔下起飞。这本书的封面上配了一只美丽的白色海鸥，它讲述了这只海鸥决心超越自己、飞向完美世界的故事。年轻的乔纳森是怎么做到的呢？它夜以继日地练习，以提升飞行速度、完善飞行技巧，直到实现自由飞翔。说到飞翔，作者年轻的时候曾是美国空军的飞行员。

《尼尔斯骑鹅历险记》

尼尔斯是个14岁的金发小男孩，他嘲笑土地神（瑞典民间传说中的一种精灵）的个子小，结果在醒来的时候发现自己也变成了一个只有3个苹果那么高的小人，骑在一只鹅背上被带到天空中。在作家塞尔玛·拉格洛芙带有魔力的笔下，从1906年的第1卷到1907年的第3卷，尼尔斯跟随着这些迁徙的鸟儿横跨瑞典和拉普兰地区[1]，经历了美妙的旅程。在旅途中，他结识了很多朋友以及各种生物。

---

1 拉普兰地区，又称为萨米地区，位于挪威北部、瑞典北部、芬兰北部和俄罗斯西北部在北极圈附近的地区。——译者注

歌声里的鸟儿

芭芭拉的《黑鹰》

　　这是一首发表于1970年的老歌。芭芭拉在做了个奇怪的梦之后，写下了这首歌。在她的梦里，她睡在一个湖边，直到一只黑鹰融入她的身体里。据这位女歌手说，黑鹰代表的是一个主宰了她童年的人。这位棕发女郎暗示这个人就是她的父亲，在她看来，她父亲曾有过乱伦的行为。这首歌是芭芭拉最成功的代表作。2017年，为了纪念她去世20周年，13位女艺术家在专辑《她们与芭芭拉》（ _Elles & Barbara_ ）中演唱了芭芭拉的一些曲目，以此向她致敬。其中有：诺卢温·勒鲁瓦唱的《说吧，你何时归来？》，朱莉·富克斯唱的《哥廷根》，扎齐唱的《孤单》，还有卢安娜唱的《我的童年》。

　　《黑鹰》的精选片段

　　　　晴朗的一天，

　　　　又或许是晚上，

　　　　在湖边上，我睡着了。

　　　　突然，犹如要划破天际，

　　　　不知从何处而来，

　　　　出现了一只黑鹰。

　　　　慢慢地，蔓延张开翅膀，

　　　　慢慢地，我看着它旋转。

　　　　我的身边，是翅膀的沙沙声，

　　　　犹如从天落下，

　　　　停了下来。

米歇尔·菲甘的《像鸟一样》

1972年，法国歌手米歇尔·菲甘创建了"大杂烩"（Big Bazar）乐队，这支乐队集合了26个人，其中有11位是音乐家。当时他们的专辑中还缺一首歌，是巴西拯救了这位艺术家。当米歇尔·菲甘在这个桑巴之国旅行的时候，听到了一首巴西歌曲，即刻为之倾倒。然后，他便与欢快的乐队一起，把这首歌改编成了法语。《像鸟一样》成为一首能让人闻到阳光的味道并传遍法国的流行歌曲。

《像鸟一样》的精选片段

像鸟一样

清新的空气和清凉的水养活了它，鸟儿

打会儿猎也捕会儿鱼，鸟儿

但什么都不能阻挡它，鸟儿，飞得更高

可我在这世上是孤独的

我害怕天空和冬季

我害怕疯子和战争

我害怕时间流逝，说

今天人们还能怎么生活

在愤怒中，在噪声中

我不知道，我忘了，我迷茫

邮票上的鸟儿

　　1960 年，一只张开双翅的蓝色鸟儿成为法国邮政的标志。这一设计来自海报画家居伊·若尔热（Guy Georget），多亏了他，这个徽标才能带着信使的使命起飞，法国邮政开始征服天空。尽管多年来这只形状似箭的鸟多次微调过外形，并且更为圆润，但它还是一直象征着速度与现代性。这只鸟曾盛极一时，到处都是：它被西班牙画家霍安·米罗画在一张邮票上，以此于 1974 年宣告举办一场集邮展览；1981 年，它出现在一条三色围巾上，献礼于国家储蓄银行的百年庆典；3 年后，在邮政高铁的启用典礼上，这只鸟登上了邮政高速列车的黄色车厢；2006 年，它降落在邮政银行的徽标上。

花园里的
鸟儿

观鸟时间

　　在花园里观察鸟类不会有空白期，很少有哪一种鸟儿会长时间消失。现在让我们举几个例子来看看，在一个"理想"的花园里，每个月会发生什么样的变化。当然每个花园都有它的特殊之处，以下提及的所有事件不可能都发生。但有的时候，仅仅一个提醒就足以让人发现一些从前没有注意到的东西。

1月

　　1月是冬季研究鸟类学的黄金时期。在寒冷的天气中，可以注意欧歌鸫和燕雀（甚至太平鸟）的到来。多留意光顾喂食器的访客，尤其在长时间下雪的情况下。

2月

　　2月常常会出人意料，它可以是冬季的余韵（参看"1月"），也可以是春天的前奏（参看"3月"）。

3月

　　这是第一批候鸟返回的月份，它们中有小型候鸟（比如叽喳柳莺），有一些公认的环球"旅行家"（比如家燕），以及第一批筑巢的繁殖鸟（比如欧乌鸫）。

4月

　　迁徙的队伍在不断地壮大，每天都可能有新的鸟类到来。一定要睁大眼睛，竖起耳朵。筑巢的鸟儿快速增多，比如山雀会占据人工巢箱。

5月

　　必须（或者说最好）每天都到花园里来看看，筑巢的鸟儿开始忙碌了起来。此时是观察亲鸟如何使用鸟喙的最佳时期。一直到5月底，都还会有候鸟迁徙而来。

6月

　　6月到处都是幼鸟，而且经常可以听到它们的动静。山雀幼鸟的乞食声在枝叶间回荡。

7月

　　你是否也想趁这个时候打理花园？确实，从鸟类学上来说，这个时候是比较安静的：雏鸟长大了，变得安静了；很多成年鸟都忙着换羽，也都静悄悄的。

8月

鸟儿再次活跃起来，尤其是在这个月的中旬。第一批候鸟开始迁徙（比如柳莺、林莺），鸟儿的鸣唱声再次响起，但鸣声通常比较微弱。

9月

候鸟逐渐开始迁徙。有些鸟类已经离开了花园，但其他种类的鸟儿又入住花园，交接太顺利，让人难以察觉。

10月

10月只有一件事：迁徙。人们可以观察中途休息的鸟类，或者抬头看看天空来寻找它们。在10月可能会看到一些惊喜。

11月

留意北欧的鸟儿（比如鸫类和燕雀）的到来。有些鸟儿会留下来过冬，这些就是冬候鸟。其他的会继续往南方迁徙。

12月

喂食器成为最重要的观察地点。定期观察可能会遇到不同寻常的物种，比如说锡嘴雀或者大斑啄木鸟。

日常

法国有一句谚语："世界属于早起的人。"同理，要在最佳条件下观察花园里的鸟儿，最好还是早起。尤其在春天里，清晨的那几个小时最为适宜：为了不拖延喂养巢穴中的雏鸟，成年鸟儿特别勤快，此时也可以听到雄鸟动听的"黎明合唱"。一日之中，随着时间的推移，鸟儿的活动会渐渐平息，尤其是在暑热之下。在冬季，除非已经摄取了足够多的能量，否则鸟儿还是会继续保持活动。它们需要找到足够多的食物以挨过冬季的漫漫长夜。在春季，通常我们可以观察到鸟儿在黄昏时再度活跃，但"黄昏合唱"与"黎明合唱"相比，强度大大降低了。

观鸟方式

可以通过两种方式来观察花园里的鸟儿：第一种，被动式，等着鸟儿飞过来；第二种，主动式，走向它们。在第一种方式中，我们或多或少地要采用潜伏的方法；在第二种方式里，使用的是被鸟类学家称为"近观"的实地操作法。

潜伏

这种方法在花园里很实用，如果鸟儿的体形适中，我们甚至可以足不出户，舒舒服服地坐在靠窗的扶手椅上，只需要往外瞧，就有可能看到鸟儿。也可以利用屋棚、花园里的小木屋或者木棚，以及几根棍子和一张简单的帆布来搭一个临时潜伏点，比如说在有水的地方或者在鸟巢箱附近（这种情况要注意保持合适的距离）。

近观

当然了，在一个小花园里，接近鸟类的机会是有限的，因为它们对人类的警惕取决于物种的天性。大花园会比较适合近观。

无论如何，你需要遵守几个规矩，才能拥有更多机会。首先，绝对不要径直走向你想观察的鸟儿。最好是绕个道，装作对别的东西感兴趣，再转向它。其次，一定不要急躁，慢慢地向前，你得保持轻手轻脚，尤其是当你举起望远镜的时候。最后，在接近鸟儿的时候，要留意它，看它是不是抱有戒心。如果是的话，它顶冠上的羽毛会张开或者是收缩（或是在两者之间来回变换），它也可能收缩全身的羽毛，曲起爪子准备飞走，以及伴有紧张的叫声。在这种情况下，就没必要坚持了。还有一个建议：在你靠近它的时候，可以不时地停留一下，待在鸟儿的视线范围内。更好的做法是，利用花园的环境藏身于周围的景观中，比如藏在树干后，靠着树丛。

喂食器

喂食器可是观察者的活动中心，我们可以花好几个小时来观察这里发生的事情。因为鸟类在这里比较放松，完全不在意那些在镜片后观察它们的人。通过双筒或单筒望远镜，我们可以观察到很多细节。研究鸟类的行为很有意思，有时会有些惊喜，可以看到不那么寻常的物种，甚至稀有物种。但这还是取决于观鸟者的勤勉程度。

鸣叫和鸣唱

　　你可以观察鸟儿，也可以倾听它们的鸣声。听鸟鸣甚至是一种常见的发现鸟类的方式，尤其是在春天，当茂密的树叶遮挡视线时。在花园中，肉眼可见的物种数量相对有限，通过一点点的练习，可以轻松识别我们周围常听到的几种鸟类的叫声。

　　记下你听到的鸣声，然后将它们与花园里的鸟类录音进行比较。你也可以使用本书中提供的物种数据表的信息来获得帮助。

林岩鹨

分类

目： 雀形目 / **科：** 岩鹨科 / **拉丁学名：** *Prunella modularis*

鸣声

林岩鹨的鸣唱声并没有什么值得称道的地方，但这种似乎以无序的方式连接起来的尖锐音符听起来并不令人生厌。

形态特征

体长： 14.5 厘米 / **翼展：** 21 厘米 / **体重：** 14~24 克 / **寿命：** 超过 11 年

哪里可以找到它？ 夏天几乎随处可见（除了地中海海岸和科西嘉岛）；冬天在整个法国都能发现。

在哪里观察它？ 它会在灌木和小树的树冠鸣唱；除此之外，并不容易找到它。

行为特征 很喜欢停在地上，甚至在无遮挡的地方；它不太怕人，但是谨慎且狡猾；它的鸣唱也仅限于几个刺耳的老调子。

食物 小型无脊椎动物和植物种子（尤其是在冬天）。

巢 杯状巢；隐藏在灌木、树丛、针叶树或者浓密的地被植物中。

　　林岩鹨比较谨慎，歌声并不出众，所有这些仿佛是刻意避免引人注目。

　　同其他常出没于花园的鸟儿一样，住在花园里的林岩鹨要比住在森林里的同类胆子更大。

　　在林岩鹨经常出没的花园里很容易观察到它，只是不要把它和没有厚鸟喙的麻雀混淆。

　　然而，它喜欢潜入灌木丛或树林中，它那美丽的俗名"灌丛游侠"就是这么来的。不过它早晚还是要离开树木的隐蔽处，出现于人前，但也不会离安全的植被太远。它的步伐很鲜明：跗跖弯曲，肚子接近地面，步子有些轻微的跳跃。在冬末，它是第一批现身的鸟类之一。此时它会摒弃寻常的谨慎态度，选择在比较显眼的地方唱歌。

　　一般来说，它是法国大部分地区花园里的常客，而在法国南部它仅在冬天出现。

白鹡鸰

分类

目：雀形目 / **科：**鹡鸰科 / **拉丁学名：** *Motacilla alba*

鸣声

虽然白鹡鸰的鸣唱声往往单调、重复，甚至有些脱节，但它的活力和音调会让人感到很愉快。

形态特征

体长：20厘米 / **翼展：**30~32厘米 / **体重：**平均23克 / **寿命：**超过12年

哪里可以找到它？ 在冬季，法国东北部1/4的地区、下诺曼底、布列塔尼，以及几乎整个大西洋海岸都见不到白鹡鸰，但是它会出现在科西嘉岛；在夏季，它会出现在整个法国，而在科西嘉岛最为常见。

在哪里观察它？ 在地面和建筑物上；春天，它会栖息在空中的电线上鸣唱。

行为特征 多少会有些怕人，但会因地点和个体不同而异；白鹡鸰很活泼，总是不停地走来走去，短距离地飞来飞去。

食物 昆虫（无论会飞与否）。

巢 松散的杯状巢；筑在墙角或是斜坡上开口比较大的洞穴里。

白鹡鸰一刻也停不下来，它要么走着，要么小跑，要么原地跳起来捕捉苍蝇等昆虫，还会尖叫着飞走。

不飞行时，白鹡鸰总是不停地上下摇摆它的长尾巴，如同走钢丝的演员在调整平衡棒。这个习惯令它有了一个众所周知的外号"摆尾鸟"。

体态优雅的白鹡鸰经常被它那尖锐干涩而又响亮的鸣叫声出卖，人们很容易凭其鸣叫声认出它。它不间断地进行各种活动，有时是为了展现它的存在，有时是为了向同类打招呼，或者是反过来因领地问题向同类宣战。虽然白鹡鸰可以停留在树枝上，甚至可以在树枝上过夜，但它经常光顾草坪，在那里活泼地寻找各种昆虫。

它也会栖息在空中的电线上，它喜欢在栅栏和建筑物上隐蔽的角落或者洞穴中筑巢。

在春季，白鹡鸰会在较高处鸣唱。在有些地区，随着冬季来临它会消失；在另一些气候更温暖的地区，它会从北方飞来越冬。

红腹灰雀

分类

目：雀形目 **/ 科：**雀科 **/ 拉丁学名：***Pyrrhula pyrrhula*

鸣声

红腹灰雀的鸣叫声是很轻柔的口哨声，比它的鸣唱更常被听到；它的鸣唱声不过是一连串单调的调子而已。

形态特征

体长：16~18 厘米 **/ 翼展：**28厘米 **/ 体重：**18~36克 **/ 寿命：**17年半

哪里可以找到它？ 夏季，它常出现在法国北方，在南方的一些地区，比如说科西嘉岛则几乎见不到；冬季它分布的范围就比较广：我们几乎可以在整个法国找到它，除了蔚蓝海岸线和科西嘉岛。

在哪里观察它？ 比较低矮的树篱和灌木中或是比较高的树木上；但是它并不会出现（至少不长时间出现）在非常暴露的地方。

行为特征 总的来说，它比较怕人，只要它发现自己在被人观察，就会立刻飞走；但如果它感觉周围较为安全，那它会在该地停留很长时间，以便寻找食物。通常成对活动。

食物 种子、浆果、嫩芽。

巢 杯状巢，由树枝筑成；常筑在比较高的灌木和乔木（包括针叶树）中。

　　让我们来说说它的美貌。红腹灰雀无疑是看起来最赏心悦目的鸟儿之一，尤其是当它"屈尊"出现在花园里，给人以惊喜的时候。

　　红腹灰雀很善于隐蔽，它能轻易地隐藏在树枝间。它害羞又谨慎，一旦发现有人在观察它，便会立刻飞走。这种漂亮的鸟儿很喜欢蔷薇科（樱桃、欧洲甜樱桃、黑刺李等）的花蕾。

　　因此，我们可以在这些树正要开花的时候去寻找和观察它。在这些地方，运气好的话可以看到红腹灰雀在很认真地"修剪"枝杈。一般来说，在花园中有一对红腹灰雀并不会对树木造成重大损害，去除一些花蕾不是也可以让树上剩下的果实受益吗？园丁给某些植物剪枝时也是如此做的。

　　红腹灰雀一般不成群活动，单独现身也很罕见，它们通常成对生活。如果我们发现一只雄鸟，那么米色羽毛的雌鸟必在不远处，反之亦然。

黄道眉鹀

分类

目： 雀形目 / **科：** 鹀科 / **拉丁学名：** *Emberiza cirlus*

鸣声

黄道眉鹀的鸣唱声遵循了那些吵闹的鸟儿的一般规律：简单且毫无想象力；它的鸣唱很短，以颤音的形式出现，并且可以传到很远的地方。

形态特征

体长： 16.5 厘米 / **翼展：** 23.5厘米 / **体重：** 17~25克 / **寿命：** 不明

哪里可以找到它？ 夏季，它分布在法国4/5的地方（包括科西嘉岛）；在东北部，它的分布密度较低，而且不会在夏天出现。

在哪里观察它？ 在地面上看到它通常比较难；它喜欢栖息在显眼的树篱、灌木或大树的树冠，尤其在鸣唱时；它也会停在墙上或者屋顶上。

行为特征 通常比较怕人；在地面时，它会跳跃着向前移动；它的鸣唱声是一个颤音，在或长或短的间隔后重复着。

食物 小颗粒的种子，昆虫及其幼虫。

巢 皿状巢，由苔藓和一些植物纤维筑成；隐藏在树篱、灌木或小乔木中。

可别误会！黄道眉鹀的名字来源于它的声音[1]。它是花园的常客，虽然它也知道怎么在那些树木、小乔木、灌木杂生的地方以及低矮的草丛里生活。在那里，它可以找到它喜欢的小种子以及一些昆虫来喂养雏鸟。它会占据一个比较高的栖木来鸣唱，以表明它是这个地方的主人。

它会停在树枝分叉末端的显眼处，以及大树或小乔木的顶端。当黄道眉鹀鸣唱时，头会稍稍往后仰，嘴巴大大地张开。如此一来，我们可以欣赏到它那漂亮的带有斑纹的头部，这一点能让我们轻易地认出它。它重复着那几乎不变的简短旋律，不知疲倦。这段旋律不是它演唱会里的重头戏，但却是花园里背景音的一部分。我有幸在位于布列塔尼的自家花园里听到过它的歌声，它还在那里繁殖了后代。黄道眉鹀有时也到地面上来，这时候猫就成了它的真正威胁。尽管如此，黄道眉鹀在法国生活得还是挺好的。

---

1 黄道眉鹀的法语名字是"bruant zizi"，"zizi"在法语里是儿语"小鸡鸡"的意思。——译者注

红额金翅雀

分类

目： 雀形目 / **科：** 燕雀科 / **拉丁学名：** *Carduelis carduelis*

鸣声

红额金翅雀喜欢栖息在小乔木或大树的树冠鸣唱，它那欢快的鸣唱声非常悦耳。

形态特征

体长： 11.5~12.5 厘米 / **翼展：** 23厘米 / **体重：** 13~19克 / **寿命：** 8年半（已知最长寿命）

在哪里观察它？ 在红额金翅雀觅食的植物上，或在树篱和树上很容易观察到它；它会在显眼的地方鸣唱。

行为特征 它不太怕人，而且好动；经常扑腾腾地飞，还发出轻轻的、咯咯作响的、富有律动的鸣叫声；它多变的鸣唱声轻盈悦耳。

食物 主要以菊科植物（飞廉、蓟、蒲公英等）上的小种子为食，尤其喜欢秋英属植物的种子，也吃一些昆虫。

巢 整齐的杯状巢，筑于灌木或树木下垂的树枝上以及果树树枝的分杈上。

　　这是一种从笼子里逃出来的有异国情调的鸟儿吗？不，它只是金翅雀的一种。樱桃、乌木和柠檬，这3种植物的颜色对应的正是这只美丽鸟儿的羽色。红额金翅雀的羽毛看上去很有趣，它的声音和行为也同样很有趣。它的歌声和鸣叫声共同谱成了一首小舞曲，其飞行以轻盈著称。

　　随处都可以观察到红额金翅雀，包括中小规模的花园。

　　可以在树木、灌丛，或者结着种子的花上，以及地面上——尤其是长着蒲公英的草地上——发现红额金翅雀（它叮叮当当的叫声经常会暴露它的位置）。一年四季都可以观察它。即便是在气候恶劣的季节，它也能够以较为高大的草本植物和灌木为食，下雪对它的影响也不大，这便解释了它为何如此常见。从夏末到冬天都可以看到成群的红额金翅雀，它们非常好动。在秋天的时候可以看到一些迁徙路过的个体。

　　红额金翅雀在进化中拥有了坚固的锥形喙，这让它可以碾碎非常小的种子或是更大更坚硬的种子。

灰林鸮

分类

目：鸮形目 / **科：**鸱鸮科 / **拉丁学名：***Strix aluco*

鸣声

通常情况下，灰林鸮呜噜的鸣叫声（从前也叫作喝倒彩声）由一个清晰的音符、一个短暂的停顿，接着是一个长颤音，最后是一个短暂的尾音组成。雌鸟的鸣叫声比较尖锐，很容易识别。

形态特征

体长：37~46 厘米 / **翼展：**90~100 厘米 / **体重：**330~695 克 / **寿命：**22 年

在哪里观察它？ 在白天很难发现灰林鸮，因为它总是安静地待在僻静处；在黄昏和夜晚，我们有时候能看到去捕食的灰林鸮，或者看到它停在树冠的身影。

行为特征 白天时，灰林鸮并不特别怕人；只要它没有察觉到危险，还是会让人观察它（但是必须保持几米的距离，否则会把它吓走）；灰林鸮主要在夜间活动，但也会在白天飞行（与普通大众所认为的不同，光线并不会使它失明）；它的叫声清晰且铿锵有力，令人愉快；一般来说，那些熟悉乡村的人对它的鸣叫声非常了解。

食物 小型啮齿类动物，一些小鸟。

巢 宽敞的树洞或者大小合适的鸟巢箱。

　　仓鸮会突然发出让人害怕的刺耳咆哮声，但是灰林鸮的鸣叫声却悦耳动听。值得一提的是，夜晚的寂静更凸显了灰林鸮的鸣叫声。在10月凉快的夜晚，听着灰林鸮的鸣唱令人愉快，它们以唱歌的方式宣示领地。在靠近它的地方，仔细聆听，甚至可以听到它的颤音；而其在远处的对手，人们只能察觉到它们大致的节奏。这构成了一个令人回味的奇妙氛围。电影配乐师对此十分了解，他们不会错过任何一个使用这些声音的机会，比如说在电影或者广告的背景乐里。

　　灰林鸮几乎不到花园里来猎食，但偶尔也会出现在比较高大的树木上，或者在空间足够大的鸟巢箱中筑巢。白天，灰林鸮藏在隐蔽处时，偶尔也会因被小鸟围攻而被人发现；喜鹊和松鸦吵吵闹闹，有时会迫使灰林鸮飞走去寻找新的藏身之所。我们可以发现，这种夜行的猛禽在飞行的时候是完全无声的。

紫翅椋鸟

分类

目：雀形目 / **科：**椋鸟科 / **拉丁学名：**_Sturnus vulgaris_

鸣声

紫翅椋鸟并不是个优秀的歌唱家，它的鸣唱声不过是伴随着半开的翅膀振动而发出的一些尖叫。

形态特征

体长：17~21厘米 / **翼展：**37厘米 / **体重：**60~95克 / **寿命：**22年

在哪里观察它？ 不管是在地面还是在高处都很容易观察到紫翅椋鸟，后一种情况通常是在它鸣唱的时候；它会栖息在灌木、大树或建筑物上，也会光顾喂食器。

行为特征 通常不怕人（尤其在城区里），群居（在繁殖季节不太明显），可以组成很大的群体；紫翅椋鸟非常吵闹，特别是在春季筑巢繁殖的时候；它是个很出色的模仿者。

食物 昆虫及其幼虫、蠕虫，以及果实，包括掉在地上的果实；在喂食器中，尤其偏好脂类食物。

巢 筑在树洞、墙洞或鸟巢箱里。

有时人们会把它和乌鸫混淆。乌鸫会啄食樱桃，不受欢迎。而作为食虫动物的紫翅椋鸟比乌鸫的名声要好得多。

在田野间生活时，紫翅椋鸟比较小心翼翼，但在城里则变得较为大胆，会在草坪上让人近距离地观察。在花园里的紫翅椋鸟会根据花园主人的好客程度审时度势。当它发觉此地人类友好时，就会有较短的惊飞距离。

不管怎么说，强烈推荐你（即使一次也好）花时间来观察紫翅椋鸟的羽毛，不管是冬季布满了白点的羽毛，还是求偶期反射着奢华金属光泽的深色礼服。紫翅椋鸟羽毛的形状也很有意思，有些羽毛是呈矛状的。

注意，在繁殖季节的高峰期，紫翅椋鸟喙基部的淡蓝色与鲜黄色的喙形成鲜明的对比。

在春天，千万不要错过雄鸟那不可思议的歌声，它是个优秀的模仿者，会模仿其他鸟类的鸣声的一些片段以及其他各种不同的声音。

白喉林莺

分类

目：雀形目 / **科：**莺科 / **拉丁学名：***Sylvia curruca*

鸣声

一般来说，白喉林莺的鸣唱声仅限于一段由快速重复的同一个音符组成的旋律，在它与黄道眉鹀都有分布的地方，有可能混淆两者的鸣叫声。

形态特征

体长：12.5 厘米 / **翼展：**19厘米 / **体重：**12克 / **寿命：**约8年

> **在哪里观察它？** 它通常会隐藏在枝叶中。

> **行为特征** 比较怕人，行为隐蔽；白喉林莺的鸣唱声简短，只是匆匆地重复一个音符。

> **食物** 昆虫和浆果。

> **巢** 杯状巢，由植物纤维筑成；隐藏在植被中。

　　跟庭园林莺一样，白喉林莺生活在茂盛的大灌木中，尤其喜欢黑刺李或山楂树。春季，当它从非洲的越冬地返回时，更是喜欢在这些树木中流连。在那还带着雪味的芬芳花丛中，它可以找到平时常吃的昆虫。

　　此时，只要花园里有开花的树篱和合适的灌木丛，我们就有希望在花园里见到它；否则，必须要到灌木篱或者新生小乔木茂盛的地方寻找它。

　　当它的歌声响起时，在能听得到的地区——这种鸟在法国只分布于从布列塔尼北部到蔚蓝海岸沿线的东部——便是宣告春天归来的信号之一。

　　有趣的是，白喉林莺的鸣声很受电影配乐师的青睐，在很多电影的片段中都能听到用它的歌声来烘托田园风光的背景音。

灰白喉林莺

....
分类
....

目：雀形目 / **科：**莺科 / **拉丁学名：** *Sylvia communis*

....
鸣声
....

灰白喉林莺的鸣唱声相对单调，由大约 6 个简短的爆破音组成，通常这也是它在春天或初夏时出现的第一个迹象。

....
形态特征
....

体长：14.5 厘米 / **翼展：**22 厘米 / **体重：**15 克 / **寿命：**约 9 年

在哪里观察它？ 雄鸟很乐意在一个显眼的位置上展示自己，而雌鸟则隐藏在植被中。

行为特征 怕人，活泼，好动，会发出一小段不断重复的鸣唱声，也会边唱边向上飞行一小段距离，场面令人印象深刻。

食物 昆虫和浆果。

巢 松散的杯状巢，用植物纤维筑成；筑于树篱、灌木或树丛中。

　　曾有段时间，想要看到或者听到一只灰白喉林莺并不是件很容易的事。原因是在 20 世纪下半叶中期，萨赫勒地区经历了一场严重的干旱，而往常灰白喉林莺会在这个地区度过冬季。因干旱而造成的死亡率攀升导致灰白喉林莺的数量急剧下降，年复一年，它们变得稀有起来。

　　今时不同往日，情况已然好转。当我们在布满小乔木的林中或是灌木丛中散步时，可以期待与漂亮的灰白喉林莺偶遇。由于是候鸟，它几乎不会进入花园，特别是在春季。更何况还需要花园面积大小适中，且园内有满足它的合适植被。

　　灰白喉林莺并不吝啬它的歌声，它的鸣唱声通常较为简短，极少叽叽喳喳个不停。在极度兴奋的时候，它会充满热情地表演垂直飞行。

庭园林莺

分类

目：雀形目 / **科：**莺科 / **拉丁学名：** *Sylvia borin*

鸣声

我对它悠扬的鸣唱声略有偏爱，因为那波澜不惊的节奏仿佛溪流潺潺；黑顶林莺的鸣唱声与它的相似，但更类似于湍急的激流。

形态特征

体长：14厘米 / **翼展：**22厘米 / **体重：**19克 / **寿命：**14年

在哪里观察它？ 庭园林莺通常喜欢躲在植被中，以便躲过人们的视线。

行为特征 比较怕人；鸣唱声悠扬，鸣叫声干涩。

食物 昆虫和浆果。

巢 杯状巢，用植物纤维筑成；筑于灌木或多刺灌木以及小针叶树中。

　　当心它这容易让人会错意的名字，庭园林莺其实并不经常生活在花园里。它更喜欢生活在小树林里——遍布高大树篱、小灌木和大灌木丛的地方。如果它冒险进入花园，那也是因为较大的花园中有着让矮树丛和众多灌木丛自由生长的环境。庭园林莺喜欢黑刺李、山楂等蔷薇科植物。通常在迁徙途中而非筑巢期栖息在树上。但不论在哪里见到它，一定要听听它的鸣唱，毫无疑问它是最出色的演唱家之一。

　　当我们终于在植被中找到这个独唱家时，会有些许失望：它那米褐色为主的羽毛看上去平凡无奇。关于这一点，鸟类学指南的说法是："羽毛没有明显特征。"不过这也不完全正确，因为这种鸟有一件灰色的"披肩"，尝试观察一下也很有趣。

黑头林莺

分类

目：雀形目 / **科：**莺科 / **拉丁学名：***Sylvia melanocephala*

鸣声

这种地中海的林莺的鸣唱声是碎片式的，声音听起来有点干涩；它的鸣叫声中的一些片段，让人联想到夏日里愉快的气氛。

形态特征

体长：13 厘米 / **翼展：**15~18厘米 / **体重：**10~15克 / **寿命：**8 年

在哪里观察它？ 不太容易观察（而且可能令人烦躁），它只是间断性地、在几秒钟之内出现在树杈或树枝的顶部；想观察它必须要有耐心。

行为特征 极度好动，又爱躲藏；频繁的干涩鸣声就是它出现的信号。

食物 昆虫、蜘蛛、浆果。

巢 杯状巢，用植物纤维筑成；筑于树篱、灌木或小乔木丛中。

    强烈的日光，烦人的蝉鸣声，黑头林莺与这种法国南方的氛围密不可分。令鸟类学家懊恼的是，不管是在它最喜爱的灌木丛，还是在植被茂密的花园，它都擅长躲藏于浓密的植被中。

    尽管黑头林莺非常活跃地寻找食物，但让人沮丧的是，它属于那种我们能听到它的鸣声却不怎么能见到的鸟类。这真的非常可惜，因为这样我们就会错过它那犹如黑色天鹅绒的头顶以及红宝石一样的眼睛。多一些耐心，再多了解一些它的行动规律，我们有时也会在它悄然地从一个灌木丛飞到另一个灌木丛的时候，突然看到它。要好好地利用这个时机，因为它停下来观察周围环境的时间很短。黑头林莺是为数不多的夏季结束也不离开法国的鸟类之一。

黑顶林莺

分类

目： 雀形目 / **科：** 莺科 / **拉丁学名：** *Sylvia atricapilla*

鸣声

黑顶林莺如笛声般响亮的鸣唱声很让人舒心，它的鸣唱通常从一个平静的啁啾开始，最后以嘹亮的高渐强音作为结尾。

形态特征

体长： 14 厘米 / **翼展：** 23厘米 / **体重：** 15~25克 / **寿命：** 11年以上

在哪里观察它？ 虽然它总是隐藏在植被中，但当它出现在我们的视线中并开始鸣唱的时候，我们可以观察到它；在夏末和秋天的时候，黑顶林莺会出现在结满浆果的灌木中，在那里我们很容易观察它。

行为特征 相当怕人；它悠扬而悦耳的鸣唱声通常会从4月持续到6月。

食物 昆虫、蜘蛛、浆果（在冬天，尤其酷爱槲寄生的果实）。

巢 杯状巢，用植物纤维筑成；筑于树篱、灌木和攀缘植物中。

能在花园里留住黑顶林莺是多么令人高兴的事啊！不是为了它那朴实的羽毛，而是因为它非凡的声乐天赋。

黑顶林莺是高大茂盛植被的爱好者，比如树篱、灌木丛、小灌木和树木。它特别喜欢那些混植的花园。

虽然不是长途迁徙的鸟，但在糟糕的季节来临之前，它也会进行一次远途旅行——最远直到非洲。它会完全或几乎完全地从寒冷的地区消失。冬季，它会出现在平原地区，但数目也许会减少。

法国西部和南部全年都能观察到黑顶林莺，尽管冬季留下来的鸟的数量比夏季的少。黑顶林莺是个不知疲倦的歌手，在早春和夏季的时候，会发出甜美的鸣唱声。总的来说，雄鸟演唱水平很高，其中一些更是出类拔萃。黑顶林莺堪称优秀的模仿者，擅长模仿其他鸟类的鸣唱和鸣叫声，尤其是雀形目鸟类的。

黑顶林莺粗厉的鸣唱声和警示声，很容易暴露它的位置。

松鸦

目：雀形目 / **科：**鸦科 / **拉丁学名：***Garrulus glandarius*

鸣声

对那些常在林中散步和采蘑菇的人来说，松鸦的鸣叫声是最耳熟的了；它的鸣叫声粗糙，多少有点拖沓；松鸦也会鸣唱，尤其在它的鸟巢旁边，但是会非常谨慎，它吱吱喳喳的声音只有它的同伴听得到。

形态特征

体长：32厘米 / **翼展：**53厘米 / **体重：**145~195克 / **寿命：**17年

在哪里观察它？ 观察松鸦可没那么容易，因为它总是故意藏起来；不过在它飞行的时候很容易被观察到，因为它的飞行速度比较慢；它也会经常到地面上来。

行为特征 大部分时间很怕人；爱出声的它会发出刺耳的叫声，也会模仿各种各样的声音，包括其他鸟类的声音，比如说莺。

食物 杂食动物，喜爱橡栗和山毛榉坚果。

巢 杯状巢，由树枝筑成；藏于树木中，通常靠着树干。

松鸦为什么会出现在本书当中？通常人们以为它不会鸣唱，其实不然，它会用它那粗糙的、听起来并不愉快的鸣叫声来引人注意。

这种鸣声具有特殊的功能，人们给予这只鸟"森林哨兵"的绰号并不是毫无缘由的。松鸦始终保持警惕，善于观察的同时又保持隐蔽。不管什么危险，通常都是由它第一个发现的。不管是猛禽、狐狸、猎人，还是在森林中漫步的人，只要进入树林中，松鸦就会立刻发出刺耳响亮的鸣叫声。

"警报"发出后，当地的小动物，从松鼠到红喉姬鹟，都能利用这警报保持警惕。

但松鸦并不只是会大叫，它也能够模仿其他的声音，比如鸟叫声或嘈杂声。它最拿手的就是模仿"喵喵"声。不管是猫的叫声，还是欧亚鸳的叫声，它都学得来！

而且，除了声音独特之外，松鸦也是种非常美丽的鸟。值得一提的是，它那钻蓝色的羽毛所组成的彩色覆羽，在法国的其他鸟类身上是看不到的。

短趾旋木雀

分类

目：雀形目 / **科**：旋木雀科 / **拉丁学名**：*Certhia brachydactyla*

鸣声

每只短趾旋木雀都很统一地发出短促而尖锐的鸣唱声，个体之间的鸣声差异非常小。

形态特征

体长：12~13厘米 / **翼展**：19~20厘米 / **体重**：7-10克 / **寿命**：近6年

在哪里观察它？ 大树树干上，它羽毛的颜色与树皮的背景融为一体；旋木雀极少落地。

行为特征 短趾旋木雀比较害羞；它从树的底部起，沿着树干绕圈攀缘而上，到了一定高度后，俯冲到附近另一棵树的底部继续攀爬；它那"tuti-tutitutiti"的鸣唱声短促、尖锐且调皮。

食物 小型无脊椎动物及其幼虫。

巢 它的巢由植物纤维筑成，混乱地堆成一簇；藏在剥落的树皮下、树洞或者巢箱中。

短趾旋木雀体形小，羽毛呈棕褐色，很容易让人误以为是一只沿树干偷偷溜着走、玩杂耍的老鼠。

最容易观察到短趾旋木雀的地方是那些种植有树皮开裂的高大老树的公园或花园。但这并不意味着，在那些树龄较小、还不够成熟的树上看不到这种鸟；只是在这些树上，它只作短暂停留。

短趾旋木雀的羽毛带有斑点，与树皮极其相似，以至于它经常被忽略。非常幸运的是，它那小而尖细的鸣声出卖了它，有助于人们找到它的位置。

它的活动轨迹很有规律。从一棵树的树脚开始，爬上树干，爬到好几米高后，飞到附近另一棵树的底部，如此重复。它也会在较大的树枝上探索，有时甚至倒挂在树枝下面。

尽管短趾旋木雀看起来比较弱小，但它还是能抵抗寒冷；因此，即使在冬天，它也能够月复一月地坚持栖息在同一个地区。

槲鸫

分类

目：雀形目 / **科**：鸫科 / **拉丁学名**：*Turdus viscivorus*

鸣声

它的鸣唱声是花园里最美妙的声音之一；虽然创造力匮乏，但它的声音清晰且甜美如笛。

形态特征

体长：26~27 厘米 / **翼展**：42~47厘米 / **体重**：95~140克 / **寿命**：21年

在哪里观察它？ 在（较大的）树上，通常在树冠伸出的树枝上；或者在地面上。

行为特征 一般来说槲鸫比较怕人，但是在一些令它感觉安全的地方（特别是在城郊地区），它就没有那么怕人了；它的飞行轨迹呈波浪状；在地面上弹跳的时候，有点笨重；它动听的鸣唱声由一系列带有忧郁色调的短句组成，它会在飞行的时候发出"drrrrr"的鸣叫声。

食物 蠕虫、昆虫幼虫、浆果。

巢 巢用嫩枝筑成；通常筑在比较高的树上。

当清冷明媚的早晨响起槲鸫的鸣唱声时，说明冬天已接近尾声。

槲鸫的体形较大，不管是在栖息的时候还是在飞行的时候，都显得很壮硕。它并不常出现在花园里，不过看到它总是令人愉快的，即使它通常只作短暂停留。最能吸引它的是大林地，尤其是那些连在一起的大花园。它也喜欢老果园，尤其是冬日，一两只槲鸫，有时还会与其他的鸫鸟结伴，到花园里来享用它们酷爱的苹果或槲寄生。如果周围有森林、灌木丛或草地，那就更加有可能遇到槲鸫。它有时落在较高的树冠上，有时落在地面上，此时都可以观察它。槲鸫是早上第一批唱歌的鸟类之一，周围的寂静更凸显出它的歌声。

为了度过冬季，北欧的一些槲鸫会穿越整个欧洲，甚至飞到北非；另一些则会飞到比较近的地方过冬；还有的槲鸫飞行距离介于二者之间。

欧歌鸫

....
分类
....

目：雀形目 / **科**：鸫科 / **拉丁学名**：*Turdus philomelos*

....
鸣声
....

欧歌鸫的鸣唱声富有创造性，高亢且音色纯正，其特点是会重复各种不同的旋律。

....
形态特征
....

体长：23 厘米 / **翼展**：33~36厘米 / **体重**：50~100克 / **寿命**：17年

在哪里观察它？ 不管它是在地面上，还是栖息在树枝上，都很容易被观察到，尤其当它长时间地在显眼的地方鸣唱的时候。

行为特征 不太怕人，会长时间地在草地上寻找蠕虫；它的鸣唱声由重复多变的、高亢的旋律组成（欧歌鸫嗓门很大，早上尤甚）；它的鸣叫声是一个简短干涩的"tsic"。

食物 蠕虫、浆果。

巢 巢用植物和泥整齐地筑成；筑在树篱或灌木（也包括针叶树）中。

毫无疑问，欧歌鸫是名音乐家。冬天一结束，它那铿锵且悠扬的鸣唱声就会回荡在空气清冷的花园和树林里。

18世纪，法国博物学家布丰（Buffon）曾写道："它是属于树林的鸟。"虽然这种鸫鸟常住在树木茂盛的地区，但它也会出没于城市中心的公园和花园中。

观察欧歌鸫的最好机会之一，就是当它现身准备开嗓之时。它会挑选一棵比较高大的树木，显眼地停在一处视野开阔的树枝上，然后专注且歇斯底里地放声鸣唱。此时，它完全不关心自己是否被观察，我们便可以悠闲地享受这次演出，而且它的演唱通常会持续好长一段时间。另一个观察它的机会是当它在草地上寻找蚯蚓的时候。与乌鸫一样，它专注于观察地面，头部向一边倾斜，敏捷地扑向它的猎物。它捕食蜗牛时同样冷酷无情，因此园丁们很喜欢它。通常，我们在一整年里都可以见到它。

锡嘴雀

分类

目：雀形目 / **科：**雀科 / **拉丁学名：***Coccothraustes coccothraustes*

鸣声

锡嘴雀的鸣唱声听上去像是无甚意义的叽叽喳喳，人类对这种声音的兴趣不大，毕竟并非所有鸟儿的鸣唱声都像乌鸫的一样悦耳；锡嘴雀的鸣叫声短促且带有金属质感，有利于我们找到它。

形态特征

体长：16~17厘米 / **翼展：**31厘米 / **体重：**55克 / **寿命：**超过12年

在哪里观察它？ 在树上或树篱上，不过在冬天比在夏天更容易发现它，因为少了树叶的遮挡；冬天，可以在树下，或者在喂食器上看到锡嘴雀在吃种子。

行为特征 除了在冬天，非常怕人。

食物 种子。它会碾开种壳获取种仁，尤其酷爱鹅耳枥的种子。

巢 巢由细枝筑成；通常隐蔽地藏在比较高的树上。

　　我们可以给予这种大雀鸟与松鸦同样的评价：为什么会在赞美鸟类声音的书中选择它？事实上，锡嘴雀的鸣唱非常谨慎。它极少出声，且声音低沉，常常栖息在树冠上。但人们对于它偶然的鸣唱却用了如此多的笔墨。

　　比较矛盾的是，这种燕雀体形较大，有着硕大的头部，鸟喙也不小，发出的鸣声却如此微弱。我们听到最多的是锡嘴雀在飞行时，边飞边发出的鸣叫声。有些物种，我们可以通过声音来识别它们，锡嘴雀就是典型的例子。

　　值得一提的是，它主要生活在树林里，而且是在树木生叶时期，这并不利于我们用肉眼观察它。不过在冬天的时候，可能会有一只或多只锡嘴雀频繁光顾喂食器——这可是欣赏它精致羽毛的绝佳机会。它翅膀上奇特的蓝黑色羽毛的形状犹如中国宝塔。

家燕

目：雀形目 / **科：**燕科 / **拉丁学名：***Hirundo rustica*

鸣声

家燕从不吝于发声；它常常停在离鸟巢不远的地方，发出迷人的叽叽喳喳声，中间穿插着一系列叮当声。

形态特征

体长：20厘米 / **翼展：**33~34厘米 / **体重：**18~20克 / **寿命：**约16年

在哪里观察它？ 在它飞行的时候，哪里都可以看到它；它会栖息在空中的电线，以及围栏、水管、屋顶上，有时也在那些光秃秃的枯树枝上。

行为特征 家燕不太怕人，在离人很近的地方筑巢；它飞行敏捷，是个炫技高手；飞行高度随性而为，通常不高不低，天气闷热的时候会飞得比较低；它的鸣唱声是延长的叽叽喳喳声，中间夹杂着一些生硬的"gzzzzzz"声。

食物 专吃小飞虫（苍蝇、蚊虫等）。

巢 巢由干泥筑成；搭在梁上或是建筑物内部（尤其是马厩、谷仓、屋棚）的支撑物上；在布列塔尼，它可以在屋外筑巢，例如屋顶和天窗之间的夹缝里。

家燕因其在空中一系列优雅的动作和愉快的歌声而头顶光环，在多地文化中象征着幸福。考虑到各种可能性，家燕在人类身边存在的历史可以追溯到遥远的过去，甚至到史前。今天，它在我们的谷仓和房子里安家。然而，眼下并不是家燕的黄金时代，很多农村的建筑物改建成了别墅，因此它们失去了许多筑巢地点。

说起容易观察的鸟儿，那就是燕子——大多数鸟儿需要人走向它，而燕子却飞向我们。无论是在筑巢还是在喂养雏鸟，又或者是与同伴们集合落在空中的电线上时，我们都可以从容不迫地观察它。看它掠过水面喝水，看它在暴风雨的天气中捕食，还有它高速掠过地面又来个急转弯，这些场面真的令人惊叹。

在法国南部，家燕停留的时间比较久，从2月起，有时直到10月底；在法国其他地方，它停留的周期只是从3月底或4月初到9月底或10月初。

戴胜

分类

目：戴胜目 / **科：**戴胜科 / **拉丁学名：***Upupa epops*

鸣声

我们不能说戴胜的鸣唱声具有创造性，它的鸣唱声仅限于不知疲倦地重复"ou-pou-pou"，这也是它的拉丁文名字*upupa*（法语读音为"oupoupa"）的由来。

形态特征

体长：26~28厘米 / **翼展：**42~46厘米 / **体重：**40~100克 / **寿命：**不详

在哪里观察它？ 在地面上或栖木上，通常在不是特别高的地方，如墙上、一堆石头上或是在树上。

行为特征 不太怕人；它会在地上停留很长时间；头顶的羽冠是其情绪的晴雨表。

食物 主要是在土壤中找到的昆虫的幼虫和蠕虫。

巢 筑在树洞、墙洞或者鸟巢箱里。

刚刚从干草地上飞起的那只巨大的黑白相间的蝴蝶是什么蝴蝶？通常这是从未见过戴胜的人对它的第一反应。事实上，戴胜那宽阔而圆润的翅膀很像巨大的鳞翅目昆虫的翅膀。然而，它们的相似之处也仅限于此。

当我们有幸遇见这种鸟停落时，会发现它的身上不仅有黑白两色，还有很美丽的淡橙色。它的头顶还有凸出的羽冠。

若是运气好，这种鸟在心情愉悦之时，会打开头顶的羽毛。羽毛完全张开时形似皇冠，这也是它名字的由来[1]。

戴胜会在地面上停留很长时间，忙着用那长长的弓形鸟喙在地上翻找食物，它的鸟喙非常适合挑出那些蠕虫和幼虫。

戴胜需要洞穴来筑巢。洞穴可以是啄木鸟的旧巢、墙上的一个洞或一堆石头，甚至是鸟巢箱里。只要地方足够宽敞，并且有足够大的开口。

---

1 戴胜的法语名字为"Huppe fasciée"，"Huppe"在法语里是羽冠的意思。——译者注

歌篱莺

········
分类

目：雀形目 / **科：**莺科 / **拉丁学名：***Hippolais polyglotta*

········
鸣声

一般来说歌篱莺的鸣唱声始于一个简短的音符，紧接着它会比较机械地重复这个音；它通常会发出类似麻雀的叽喳声，随后便开始一一唱出它的曲目。

········
形态特征

体长：13厘米 / **翼展：**19~20厘米 / **体重：**11克 / **寿命：**近9年

在哪里观察它？ 当歌篱莺鸣唱的时候，经常会停在显眼的位置上；可即便如此，因为它那暗绿色的羽毛，也很难被人发现。

行为特征 怕人的歌篱莺喜欢探索植被；它那急促的、多少有点刺耳的歌声经常是从一系列类似于麻雀的鸣声开始的。

食物 昆虫。

巢 松散的巢由植物纤维筑成；藏在树篱、灌木丛，特别是多刺的树里。

好一只健谈的鸟儿！尽管它那由暗绿色、暗棕色和暗黄色组成的朴实羽毛平平无奇，但聒噪的它总能引起人们的注意。之所以用"通晓多种语言"[1]来形容它，是因为它经常会有意或无意地模仿其他鸟儿的声音。

歌篱莺通常喜欢站在灌木高处鸣唱。歌篱莺站在一处显眼的树枝上，大大地张开鸟喙，喉部散乱的羽毛和头上竖立起来的羽毛，似乎是要表露心中的激动之情。但它有时也喜欢深藏在树叶之后，当它的羽毛与周围的绿色融在一起时，人们听得到它的鸣叫，却很难发现它。就算是眼力好的人，有时也不得不放弃寻找这位小歌唱家。

这种鸟儿在秋天的时候会离开法国。必须要等到春天，春意很浓的时候，才能再次听到它那多变的歌声。

---

1 歌篱莺的法语名字为"hypolaïs polyglotte"，"polyglotte"意为"通晓多种语言，会讲多种语言"。——译者注

金黄鹂

分类

目：雀形目 / **科：**黄鹂科 / **拉丁学名：***Oriolus oriolus*

鸣声

金黄鹂的鸣唱声十分美妙；虽然它唱出的旋律几乎毫无变化，但好在音调悦耳，大大地补偿了多样性的不足的缺陷；值得注意的是，有时它会在两个鸣唱声之间夹杂一些比较尖锐的声音。

形态特征

体长：22厘米 / **翼展：**43~44厘米 / **体重：**68~78克 / **寿命：**约11年

在哪里观察它？ 金黄鹂喜欢藏在树叶里，就算是金黄羽毛的雄鸟也很难被发现。

行为特征 怕人的它总是在高处活动；它的鸣唱声是美妙如笛的"di-delio"声。

食物 昆虫、毛毛虫、小浆果。

巢 由树枝构成骨架，内部用植物纤维编成摇篮；筑在树的高处。

    人们可能以为，金黄鹂那鲜艳的金黄色羽毛逃不过观察者的眼睛。可惜的是，事实并非如此。雄鸟的羽毛是金黄色，这美丽鸟儿在它偏爱的大树树叶中，就好像被施了魔法一样消失了：黄色与绿色融合在一起，一闪而过。雌鸟暗绿色的羽毛是更为有效的伪装。因此，要想看到金黄鹂，必须得具备耐心。不过如果花园里种有樱桃树或者桑葚树，那机会将成倍增加，因为金黄鹂酷爱这两种树的果实。此时就有机会观察金黄鹂那淡红色的鸟喙，以及与身上金黄色羽毛形成鲜明对比的墨黑色翅膀和尾巴。

    幸运的是，即使我们看不到金黄鹂，也很容易听到它的鸣唱声。这对观察者来说可是一场听觉盛宴，可要好好享受。因为金黄鹂是夏候鸟，它在4月到来，8月就离开了，且只在到达欧洲的最初几天鸣唱。

欧乌鸫

分类

目：雀形目 / **科：**鸫科 / **拉丁学名：***Turdus merula*

鸣声

众所周知，欧乌鸫的鸣唱声悦耳动听；它的鸣唱声富有创造性，甜美悠扬，拥有足以迷住人类耳朵的一切优点。

形态特征

体长：24~25厘米 / **翼展：**34~38.5厘米 / **体重：**80~125克 / **寿命：**21年

在哪里观察它？ 欧乌鸫很乐意露面，特别是在草坪上，或在高处（比如树顶、屋顶、烟囱）显眼的地方鸣唱。

行为特征 欧乌鸦十分自信又不失谨慎；它也很情绪化，感到不安的时候会通过植被的掩护飞走，而且边飞边发出一连串惊慌失措的鸣叫；它在停稳后迅速抬起尾巴，然后再慢慢地放下尾巴；心情不好时它会痉挛般地摇摆尾巴；它那著名的鸣唱声悠扬如笛声，由不同的鸣声组成，包括"douc-douc"的咕咕声和尖锐的"sssiii"声。

食物 蠕虫、软体动物、浆果。

巢 相当大的杯状巢；能很好地藏在树篱、针叶树或攀缘着建筑物生长的常春藤后面。

在天气晴好的季节，花园里若是少了身着黑色丝绒礼服的独唱家欧乌鸫那如笛音一样悦耳的歌声，甚至不能被称为花园。

自信而不轻率的欧乌鸫不像在树林或农村里的其他鸟儿一样怕人，它栖息在开阔的地方时会允许人们观察它。乌鸫在地面上移动的典型方式是双足并拢轻跳。在某些情况下，比如说逃离草坪躲入树篱时，它可以来一段短跑；但它通常更愿意飞着逃走，同时发出那种特征性的不安的鸣叫声。在法国，它是花园中数目最多的鸟儿，尤其是在春天和初夏雏鸟离巢的时候；在秋天，人们会看到迁徙的鸟群中来自北欧和东欧的欧乌鸫。在法国南部的花园，它主要在冬季来访。

它的歌声让人如此愉快，以至于人们能够原谅它偷吃樱桃的过错。况且欧乌鸫乐于消灭毛虫和其他幼虫，这种赦免就更有理由了。

青山雀

分类

目： 雀形目 / **科：** 山雀科 / **拉丁学名：** *Cyanistes caeruleus*

鸣声

不必期待青山雀在鸣唱领域的奇迹了，虽然它能发出很多的声音，但那些声音并不优美。

形态特征

体长： 11~12厘米 / **翼展：** 19~21厘米 / **体重：** 9~16克 / **寿命：** 超过9年

在哪里观察它？ 在植被不太矮的地方以及在喂食器上随处可见，偶尔也会飞到地面上。

行为特征 它极少怕人；它常常挂在树枝上，频繁地发出令人烦躁的鸣叫声。

食物 昆虫及幼虫、蜘蛛、种子（在鸟食槽里，它很喜欢向日葵的种子）。

巢 筑在树洞、墙洞或者鸟巢箱里。

青山雀那么好动，为何还在观察者之中拥有很高的好感度？是因为它美丽的颜色、小巧的身形，还是它活泼的性格？

一年中，我们在法国所有省份都能看到它。事实上，它经常与一个或多个同属鸟类结队活动，而且是个不知悔改的"大嗓门"——就算看不到它，也总能听得到它的声音。还有，青山雀不怕人，允许人类靠近，或者它会主动接近人类，只要你姿态庄重。

这种山雀通常栖息在大树的树枝上，站在高处或是树枝的末端，以及出现在小灌木、灌木丛和树篱上，还有荆棘丛中。很少见到它飞到地面上来。另外，它可是喂食器的"老顾客"！如果说只有极少的鸟类会常常光顾喂食器，那青山雀肯定就是其中之一了。

秋天的时候，花园中青山雀突然增多的情况也不少见——这是它们从北方或者东欧迁来的标志。

大山雀

分类

目：雀形目 / **科：**山雀科 / **拉丁学名：***Parus major*

鸣声

大山雀的鸣声清晰嘹亮；它总是重复着相同的旋律，其中一些是大山雀鸣唱声的典型标志。

形态特征

体长：12~14.5厘米 / **翼展：**21~23厘米 / **体重：**15~22克 / **寿命：**15年

在哪里观察它？ 在植被不太低矮的地方以及在喂食器上随处可见；它也会飞到地面上。

行为特征 大山雀极少怕人；它喜欢挂在树枝上；大山雀喜欢鸣叫，它有很长的曲目单，其中最典型的是一个"huititu, huititu"的欢快哨声。

食物 昆虫及幼虫、蜘蛛、种子（在鸟食槽里，它很喜欢向日葵的种子）。

巢 筑在树洞、墙洞或者鸟巢箱里。

　　它有点像是花园中的女王。为什么这么讲？大山雀外形靓丽自不必说，关键是它脾性开朗，时常流连于花园中。

　　自森林而来的大山雀已经适应了人类与花园。要观察它很容易，最佳的观察地点是喂食器，它会在那里享用油脂和葵花籽。

　　除此之外，它也会光顾大树、小灌木以及树篱。它没有表亲青山雀那么警觉，很喜欢摆出杂耍的姿势，常常被发现倒挂在树枝下。尽管它可以轻盈自如地在地面上跳来跳去，但它并不经常到地面上来，而是更喜欢树叶和树枝给予它的安全感。

　　一年中的每个月都能观察到它。在春末夏初，大山雀会拖家带口进行游荡，此时其数量会更多些；在秋季，大山雀的数量会因地区和年份不同而发生变化。

煤山雀

分类

目：雀形目 / **科：**山雀科 / **拉丁学名：** *Periparus ater*

鸣声

煤山雀身形娇小，相较体形，它那欢快而果断的鸣唱声实在是惊人的洪亮。它的鸣唱由两个（或三个）音节构成，多次重复组成一段旋律。在高山上，有时它会陪伴那些坐在缆车上的滑雪者穿梭在冷杉林中。

形态特征

体长：10.5~11.5厘米 / **翼展：**18~19厘米 / **体重：**8~16克 / **寿命：**9年

在哪里观察它？ 主要是在乔木上，以及灌木和树篱中。

行为特征 煤山雀不太怕人；在非繁殖期，通常结成小群体活动。

食物 昆虫及幼虫、蜘蛛。

巢 筑在树洞中。

　　一刻不停地在动的10克左右的小东西，这便是对小巧的煤山雀最准确的描述。有时我们也叫它"小小大山雀"，因为它的外表和大山雀很相似：脑袋都是黑色的，两颊上都带有形成鲜明对比的纯白色，都是上体比下体颜色深，都有两道苍白色的翼斑。但在法国，煤山雀比它的表亲大山雀要少见。少见的原因无疑是它更喜欢针叶树。

　　春天，当我们经过山林的时候可以听到它的鸣唱。这种有风度的鸟会花很多时间在一簇簇的针叶上，用它那细得跟针一样的鸟喙找到昆虫和蜘蛛并挖出来。它的鸟喙小巧灵活，可以钻入树皮中。冬天的时候它偶尔也会到喂食器做客，在那里它要努力对付大山雀和青山雀才能获得食物。

沼泽山雀

分类

目：雀形目 / **科：**山雀科 / **拉丁学名：***Poecile palustris*

鸣声

在悠扬性和创造性方面，沼泽山雀的鸣唱声都不出色。它的鸣唱只是简单地重复同一个音符，但这在初春的时候听起来还是很令人愉快的。

形态特征

体长：12~13厘米 / **翼展：**20~21厘米 / **体重：**9~13克 / **寿命：**约12年

在哪里观察它？ ▶ 通常在比较高的树枝以及喂食器上。

行为特征 ▶ 它极少怕人，很活跃；可以倒挂在树枝上；它的鸣叫声是很有活力的"pitsié"；而鸣唱声是一串或长或短的颤音。

食物 ▶ 昆虫、蜘蛛、种子（在鸟食槽上，它很喜欢向日葵的种子）。

巢 ▶ 筑在树洞或是鸟巢箱里。

一个年少的修女[1]。它的名字缘于它米色的羽毛，让人联想到一些信教女子的裙子。这种小型山雀的体形与青山雀一样，但却比后者少见多了。在喂食器上，它总是独来独往，并且移动速度极快。选好一颗葵花籽，就衔着战利品立刻飞到远处的树枝上慢慢享用；匆匆地拍拍翅膀，它又悄悄地回来衔走另一颗葵花籽。因此，要观察它并不是那么容易。

沼泽山雀喜欢茂密的树林，但它也不会无视树篱、公园或花园。

从初春起，它们在还未长出新芽的树枝上成对出现，寻找树洞筑巢。我们听到的那保守又令人愉快的歌声就来自沼泽山雀。到了冬天，它必须要到不同的地方努力寻找食物。

---

1 沼泽山雀的法语名字为"Mésange nonnette"，"nonnette"在古法语里是年轻修女的意思。——译者注

家麻雀

....
分类

目： 雀形目 / **科：** 文鸟科 / **拉丁学名：** *Passer domesticus*

....
鸣声

在它叽叽喳喳的叫声中，有一种是雄鸟在鸟巢附近为了宣示领地而反复发出的鸣叫，这就是它的鸣唱声。

....
形态特征

体长： 13.5~15厘米 / **翼展：** 25厘米 / **体重：** 25~35克 / **寿命：** 近20年

在哪里观察它？ 在地面上、植被中或是建筑物上随处可见。

行为特征 它极少怕人；在一年中不同的季节，或多或少会来到喂食器或者鸟食槽享用掉下来的种子。

食物 种子，温暖的季节也吃昆虫，包括飞虫。

巢 在墙洞或屋顶下用植物纤维无序地堆成的一簇，也会利用鸟巢箱。

不管是城市还是乡村，家麻雀都很常见，以至于人们都注意不到它的存在。

家麻雀是最早适应人类的物种之一，习惯了生活在人类的周围。这种共居的生活持续了好几千年。但是家麻雀并非像看上去的那样数量多。其实，很多研究指出，它们的数量在减少，甚至是大幅减少。

家麻雀可以为我们除掉害虫，出于这个缘由我们也该给它留一方天地。从广义上来说，家麻雀是定栖的，但不一定全年都在巢的周围；繁殖期后它可能会离开或长或短的一段时间。

家麻雀，尤其是未成年鸟，在筑巢期会集合成群到田间享用掉落或者还未收割的谷物。

有时它会离开，一直到冬末才出现。但是在那些食物的多寡与季节没有关联的地方，比如说靠近饲养场或马术中心的地方，家麻雀会一直驻留在那里。

大斑啄木鸟

....
分类
....

目：鴷形目 / **科**：啄木鸟科 / **拉丁学名**：*Dendrocopos major*

....
鸣声

只要善于观察，就很容易分辨出大斑啄木鸟的敲击声。那是加速且连续的敲击声。整个噼里啪啦的声音就像一阵短暂的狂风。

....
形态特征

体长：22~23厘米 / **翼展**：42~43厘米 / **体重**：70~100克 / **寿命**：12年

在哪里观察它？ 在树干、开阔的树枝或树冠上；它极少到地面上来。

行为特征 大斑啄木鸟比较怕人；很善于隐藏在树干后，这便是观察它的好时机；通常我们可以通过它那重复单调的"kik"或"kip"声来识别它；春天时它便开始敲击树干了。

食物 在树林中的树干和树皮下找到的小型无脊椎动物，以及从松球里取出的针叶树的种子；它也会光顾喂食器。

巢 在树干或大树枝凿的洞里，有时在鸟巢箱里。

　　一年当中，在有大斑啄木鸟的地方，我们就能听到它尖锐生硬的鸣叫声。在受到刺激的时候，比如说某个不受欢迎的邻居以及它的竞争对手靠近它的时候，它爆发出的急促鸣叫声会流露出怒气。

　　大斑啄木鸟是法国最美丽的鸟之一，可惜并不常见。

　　它的羽毛黑白相间，显得下腹那一抹朱红尤为突出；雄鸟颈部形成的杂色羽毛极具美感（幼鸟在一开始的时候顶冠完全是红色的）。并且，我们还可以看到一只鸟沿着树干或者大树枝垂直行走，样子很有趣。一旦在腐烂的木头中发现能吃的幼虫，它便开始工作了：它用鸟喙做凿子，凿得木屑飞扬。这敲击的声音很有特点，吸引了那些懂得聆听大自然声音的人；但观鸟者千万别把它的声音与其他敲击声混淆。

小斑啄木鸟

分类

目：䴕形目 / **科**：啄木鸟科 / **拉丁学名**：*Dendrocopos minor*

鸣声

小斑啄木鸟敲击的声音比大斑啄木鸟的要弱很多，时间也比较长。它创作的打击乐曲从头到尾都有很规律的间隔。

形态特征

体长：13~14厘米 / **翼展**：26~28厘米 / **体重**：17~25克 / **寿命**：约10年

在哪里观察它？ 在树干上，通常在大树（比如说杨树）树冠的小树枝上；它不到地面上来。

行为特征 小斑啄木鸟比较怕人；在树干上，它会小步小步地爬；它可以抓住大树枝并倒挂在树枝上，它在树上活动的时候非常灵活；它经常发出拖长的"kikikikikikiki"声（椋鸟会模仿这种声音），还有敲击声，不过比大斑啄木鸟的音量小。

食物 在腐烂树木中的树皮下或树叶下找到的昆虫及其幼虫。

巢 在树干或是大树枝上凿的洞里。

它是啄木鸟中的"小矮人"，真正的袖珍版。还没麻雀大的小斑啄木鸟可以沿着树枝末梢的细枝攀爬。通常人们可以在那里看到它独特的轮廓。没有哪种小鸟可以像它那样，牢牢地站立在垂直的树干上。

一旦勘察结束，它立刻飞走，在空中画下同大多数啄木鸟飞行时一样的波浪状蜿蜒轨迹。小斑啄木鸟会拍打几下翅膀之后贴身收起翅膀，滑行下降，然后再拍打几下翅膀纠正飞行路径。

和其他啄木鸟一样，小斑啄木鸟在树洞中筑巢。它小巧的身形可以让它在大树中找到适合的窝。如果运气好，可以发现某个正在筑巢的洞，我们可以观察到一对交替筑巢的家庭成员。这个好机会可以让我们鉴别出雌雄：雄鸟有艳红色的顶冠，而雌鸟的则是不显眼的黄色。

欧洲绿啄木鸟

分类

目：䴕形目 / **科：**啄木鸟科 / **拉丁学名：** *Picus viridis*

鸣声

从古典音乐角度来说，它的鸣唱称不上是歌声，但是欧洲绿啄木鸟洪亮的鸣声同样具有标记领地的功能。

形态特征

体长：30-33厘米 / **翼展：**48-53厘米 / **体重：**140-210克 / **寿命：**15年

在哪里观察它？ 在地面上比较容易观察到它，但在树上就没那么容易。

行为特征 欧洲绿啄木鸟比较怕人；它会长时间停留在地面上，主要是寻找蚂蚁；它的鸣唱是洪亮的"笑声"，很少发出敲击声。

食物 蚂蚁、其他昆虫、软体动物和蠕虫。

巢 在树干或是大树枝上凿的洞里。

一阵响亮的"笑声"响彻花园，接着是间隔越来越长的洪亮叫声，欧洲绿啄木鸟就是这样抒发情绪的。

一般来说，欧洲绿啄木鸟比较怕人，但在花园或公园里，只要不被打扰，它就还算闲适。

人们可以在地面或者树上看到它。如果是在地面上，当它专心地寻找蚂蚁、对周围不那么关心的时候，便可以很容易地观察它，尤其是在草没有那么高时，它会完全暴露在可见的地方。

它会不时地暂停觅食，观望周围的动静，抬起头，鸟喙朝向空中。这时便可以仔细观察它的羽色，尤其是它顶冠上美丽的朱红色。

受惊或是完成觅食之后，欧洲绿啄木鸟会离开地面，飞到离它最近的树上。它很擅长隐藏在树干或大树枝后，只警惕地露出一只眼睛。不管观察者怎么试图更近地观察它，它都会在树干上移动躲藏。如果观察者执意坚持，它就会逃跑，伴随着那洪亮的"笑声"。

红背伯劳

分类

目：雀形目 / **科：**伯劳科 / **拉丁学名：** *Lanius collurio*

鸣声

红背伯劳并不啰唆，它不常鸣唱，歌声也不会传得很远。这倒是很可惜，因为它能轻松地模仿其他鸟类，歌声听着也很舒服。

形态特征

体长：17.5厘米 / **翼展：**28厘米 / **体重：**30克 / **寿命：**10年

在哪里观察它？ 最常见的是在灌木、树丛或者木桩、杆、线（空中或篱笆上的）上明显的地方；羽色鲜艳的雄鸟比雌鸟更容易辨认。

行为特征 怕人；它猎食时，会急速地冲向所瞄准的猎物；它会将较大的猎物抓握固定在针叶树上或有刺的铁丝网上慢慢撕扯啄食；它啾啾的鸣声并不洪亮，模仿其他鸟儿的声音时也是如此。

食物 主要是昆虫、蜥蜴。

巢 鸟巢并不精致；筑在有刺的灌木上。

　　美丽的红背伯劳在春天完全可以安顿在大小适中的花园里，只要花园中有几棵未被农药污染的小灌木和多刺荆棘。但它还是更喜欢在乡村的树篱、小灌木和空地中交替出现，能让它在这些环境中停留的条件是要有充足的大昆虫。红背伯劳捕猎的时候通常是从比较高的栖息处——经常是从空中径直飞下，捕捉地面上的猎物。

　　伯劳这类鸟的名字缘于它与其他伯劳共有的一个习惯[1]：用棘或铁丝网上的钩刺固定较大的猎物，以此做成它的"肉钩"，既独特又方便保存食物。

　　雄鸟那黑色的眼罩一眼即见（这让它看起来有点像轻歌剧中的匪徒），但它浅米色的胸膛上部那一点淡淡的粉色羽毛，则需要细心观察才能发现。

1　红背伯劳的法语名为"Pie-grièche écorcheur"，其中"écorcheur"在法语中是剥皮者的意思。——译者注

斑尾林鸽

分类

目：鸽形目 / **科：**鸠鸽科 / **拉丁学名：***Columba palumbus*

鸣声

斑尾林鸽咕咕的鸣叫声是该物种的标志性特征，但只有在近处才能听清楚它抑扬顿挫的鸣叫。

形态特征

体长：40~42厘米 / **翼展：**73~76厘米 / **体重：**350~600克 / **寿命：**16年

在哪里观察它？ 在地面上或是树上，一般是比较高的树。

行为特征 在乡村里的斑尾林鸽比在城市里的更怕人；在比较小的花园里，它不会到地面上来；它在领地里的飞行轨迹呈波浪线形；随着咕咕的叫声拍动翅膀，这叫声多次地重复同一段旋律，然后突然结束在一个音符上。

食物 种子、芽、嫩枝。

巢 细枝条搭成薄薄的平台；筑在树枝或大树篱上。

　　这种有着彩色项圈的大鸽子是训练有素的"运动员"，它的飞行速度很快。当它感到安全时，会变得平易近人。

　　城市和乡村的公园、花园，都会有斑尾林鸽。它的高机动性使它能够根据当下的需要，在几分钟内从一个地方飞到另一个地方。它也可以在花园里的树上筑巢，然后到周围的乡村里觅食。同样地，它可以定居在城市里，然后到城市之外补给食物。斑尾林鸽需要在树木间进食、休息、睡觉还有筑巢，同时也需要开阔的草地来进食。水也很重要，在斑尾林鸽来喝水的地方——水塘、小水坑、溪流或喷泉，一有机会便可以仔细地观察它。

　　在乡村的花园，尤其是比较小的花园，并不容易观察到这种鸟；但在城市里就不同了，它几乎不会因害怕而逃离。

苍头燕雀

分类

目：雀形目 / **科：**燕雀科 / **拉丁学名：**_Fringilla coelebs_

鸣声

每只雄鸟的鸣唱声都是一段持久单调的降调旋律，它可以在一个小时之内重复几百次。

形态特征

体长：15厘米 / **翼展：**26厘米 / **体重：**17~30克 / **寿命：**14年

在哪里观察它？ 它通常在我们视线范围内的地面上或是树上。

行为特征 在花园里它多少会有些胆小（取决于有没有猫的存在）；在地面上，它会一跳一跳地快速前进；苍头燕雀的鸣唱是由较短的降调旋律组成的，通常多次重复；它时常鸣叫，其鸣叫声是比较尖锐的"pink"和比较柔和的"hu-it"，有时会鸣叫很长的一段时间。

食物 种子，特别是比较小的种子，不过这不是它唯一的食物；它也吃昆虫和蜘蛛，还会到喂食器附近来享用掉落在地上的种子。

巢 精致的巢；筑在阔叶树、针叶树的树篱或果树上。

在花园里，苍头燕雀生活得很谨慎。它在地面上一跳一跳地前行，好像那种上釉的铁皮玩具。

苍头燕雀的羽毛色彩丰富，呈渐变色，相互对比衬托，闪烁着天鹅绒一般的光泽，羽翼上分布着白色斑点，人们很难记住这么多的细节。然而，正是这些细节构成了雄性苍头燕雀的美丽外表。

当苍头燕雀光顾喂食器时，很容易观察它。准确地说，是在鸟食槽下，因为通常它很满足于拾取其他鸟儿弄掉在地上的种子。同样地，在它喝水或洗澡的时候也可以很好地观察它。其他时候，当苍头燕雀在小灌木和大树上栖息、休息和鸣唱时，我们也可以看到它。

至于它的鸣唱声，那句俗语"快活得像只燕雀"毫无疑问就是来自雄鸟从2月或3月起就开始的稳定频率的高声长鸣。苍头燕雀喜欢游荡。在同一个花园里，有的燕雀是长期住户，有的燕雀是短期住户，还有一些个体是从欧洲的北部或东部来过冬的，春天一到便会离开。

欧柳莺

....
分类
....

目：雀形目 / **科：**莺科 / **拉丁学名：**_Phylloscopus trochilus_

....
鸣声
....

欧柳莺的鸣唱声很悦耳，是一阵阵短暂的降调，紧接着以一个很容易识别的笛音作为结尾。虽然总是这一成不变的老调子，可我们却不会厌倦。

....
形态特征
....

体长：11厘米 / **翼展：**18.5厘米 / **体重：**8克 / **寿命：**约11年

▎**在哪里观察它？**▎ 叶丛中，但在较高处。

▎**行为特征**▎ 不怎么怕人的欧柳莺活泼好动，但不如叽喳柳莺那么过度兴奋；它的鸣唱是由一小段降调哨声组成，还经常重复。

▎**食物**▎ 体形较小的昆虫和蜘蛛。

▎**巢**▎ 球状巢，以草编成；藏在地面的草本植物中。

　　对鸟类爱好者来说，无欧柳莺不成春。准确地说，如果在新春来临时，没有第一时间听到这体重只有几克的小鸟所发出的迷人音节，那就不是真正的春天。当它从非洲越冬地回来后，这个长途旅行家就很活跃地在栎树和柳树上活动。

　　它在树叶、嫩芽、花朵和柔荑里寻找那些被吸引而来的小昆虫。以其锋利的鸟喙，它可以连续多次以惊人的速度捕食猎物。那是因为经过夜间迁徙的长途飞行后，它需要恢复体力。欧柳莺的歌声令人赞叹，而它的羽毛则平淡无奇。它的羽色呈暗绿色，再加上一点暗黄色，仅此而已。幸好它会鸣唱，否则还真难以把它与它的表兄弟叽喳柳莺区分开来。面对不出声的柳莺，即便是专家也难以区分。

叽喳柳莺

....

分类

目：雀形目 / **科：**莺科 / **拉丁学名：** *Phylloscopus collybita*

....

鸣声

叽喳柳莺的鸣唱声很好记，那是一连串活泼的简单音符，这也为它赢得了"埃居[1]计数器"的称号。

....

形态特征

体长：10.5~11.5厘米 / **翼展：**17~18厘米 / **体重：**6~9克 / **寿命：**7年以上

> **在哪里观察它？** 在大树、小灌木、树篱及荆棘叶丛中。

> **行为特征** 它不太怕人；总是动个不停；烦躁地摇动着尾巴，翅膀痉挛地半开着；可以在树枝末梢原地起飞捕捉猎物；叽喳柳莺经常鸣叫，通常是多次重复的一个"huit"；它的鸣唱声很好记，由一连串让人想跳舞的音符构成，比如"tup-tip-tip-tiup-tip-tip"，抑扬顿挫。

> **食物** 小昆虫和蜘蛛。

> **巢** 球状巢，以草编成；非常隐蔽地藏在草中。

    如果不是叽喳柳莺的鸣唱声容易听到又很好识别的话，这种羽毛呈绿褐色且体形矮小的鸟很容易被人忽略。

    我们可以期待在任何一个花园里遇到叽喳柳莺，但它只在那些天然植被足够多的花园里筑巢。除此以外，它还经常出入于树篱、荆棘丛、小灌木和大树中。虽然它更偏爱阔叶树，但它也会出现在针叶树上。有时它也会短暂地在地面上停留以寻找食物。

    叽喳柳莺为了寻找食物而动个不停（法国博物学家布丰曾提到，在法国有些省份，人们给它起了一个绰号"跳跳鸟"），因此并不容易用望远镜来"跟踪"它。

    理论上来说，全年都可以观察到叽喳柳莺。但实际上在冬天，它在法国的很多地区都销声匿迹，仅是有规律地出现在西部和南部。在那些它会消失或几乎完全消失的地区里，它会在2月或3月开始回归（或者说数量增多），从11月起数量又开始减少。

---

1 埃居是法国古钱币。——译者注

戴菊

分类

目：雀形目 / **科：**戴菊科 / **拉丁学名：** *Regulus regulus*

鸣声

它的鸣唱声非常尖细，以至于人们无法注意到它，或是发现它后也听不到它的鸟鸣。

形态特征

体长：8~10厘米 / **翼展：**15~16厘米 / **体重：**5~6克 / **寿命：**5年

在哪里观察它？ 戴菊会栖息在不同的植被上，通常离地较高。

行为特征 不怎么怕人的戴菊总是动个不停，甚至不会在同一个地方停留超过几秒钟；它不停地发出尖锐而又轻柔的叫声，通常是连续的。

食物 小昆虫和蜘蛛。

巢 精致的巢；有时隐藏在比较高的针叶树树枝上。

它是鸟类中的"侏儒"，你必须得凑近观察它。我们不禁要问，这么弱小的生物怎么能经得住冷风吹？

戴菊与它的表亲火冠戴菊，都是最小的鸟类之一。

要想找到它，必须要在针叶林里依靠它那不停的尖细鸣声仔细搜查，然后还需要些耐心和运气。

这种小鸟确实常常栖息在树的高处，因为逆光而不容易被观察。通常，两只或是多只戴菊会同时出现，全都活泼好动，让人们难以轻松地观察。

秋天和冬天是观察戴菊的良机。秋天，迁徙而来的戴菊数量会突然增加；冬天，来过冬的戴菊可以与本地种群会合，或是取代它们。

然而，由于戴菊依附于针叶树，我们几乎不能指望有更多机会在暴露的枝条上看到它。比较理想的情况是，在它飞到其他树木上时，比如崖柏树篱，再观察它。

新疆歌鸲[1]

分类

目：雀形目 / **科：**鸫科 / **拉丁学名：** *Luscinia megarhynchos*

鸣声

与广为流传的观点相反，新疆歌鸲并不仅仅在夜间鸣唱，它也会在白天鸣唱。

形态特征

体长：16.5 厘米 / **翼展：**23~26 厘米 / **体重：**17~36 克 / **寿命：**近 11 年

在哪里观察它？ 一般来说极难看到（或注意到）新疆歌鸲，听到它的鸣声比看到它要容易。

行为特征 新疆歌鸲很怕人，而且很善于把自己隐藏在茂密的植被中；它的鸣声响亮，旋律多变，日夜都可以听到；其个体间沟通的短促鸣叫有点像蛙鸣。

食物 昆虫和浆果。

巢 杯状巢，用草和叶片筑成；隐藏在地面杂乱的植被中。

　　这是最能给诗人和作曲家以灵感的鸟类之一。它的名气要归功于它在夜间发出的迷人的鸣声。

　　坦白地说，观察新疆歌鸲的最佳方式就是不要去看它。具体来讲，就是晚上的时候待在屋外，以它在夜间的演出作为消遣。如果好几个歌唱家互相回应，那这场音乐会就更神奇了。它的歌声音色悦耳、情感充沛、富于创意，用语言形容不出其歌声何等美妙。听到新疆歌鸲的歌声令人满足，观察它则不然，况且它素来谨慎多疑。

　　虽然法国南部更受新疆歌鸲的青睐，但我们也可以期待在其他地区的花园里看到它。那些更"天然"的花园更容易吸引它，尤其是周边有很多灌木丛和矮树丛、紧邻乡村的地方。新疆歌鸲是远距离迁徙的鸟类，并且在夜间迁徙。在3月底或4月时，第一批到达的候鸟多为雄鸟，它们一回来便开始鸣唱，雌鸟随后即至。10月之前所有新疆歌鸲都会飞往撒哈拉以南的非洲地区越冬。

1　新疆歌鸲，在文学作品中通常被译为"夜莺"，此处根据郑光美教授所著的《世界鸟类分类与分布名录》翻译为通用中文名"新疆歌鸲"。——编者注

欧亚鸲[1]

分类

目： 雀形目 / **科：** 鹟科 / **拉丁学名：** *Erithacus rubecula*

鸣声

响亮、激昂，旋律富有变化（也掺杂着几个刺耳的音符），欧亚鸲的鸣唱声非常多变。

形态特征

体长： 13厘米 / **翼展：** 22厘米 / **体重：** 13~19克 / **寿命：** 大于17年

在哪里观察它？ 它会栖息在木桩上、墙头、低矮的树枝或者是树的高处，也会在地面上蹦蹦跳跳。

行为特征 通常不是很怕人，众所周知，欧亚鸲会来到正在工作的园丁脚下；它紧张时会快速且反复地行"卑躬屈节礼"；它光顾喂食器的频率随个体而异；它多样的鸣唱声紧凑而响亮；它典型的鸣叫声是一个爆破音"tsic"。

食物 小型无脊椎动物和软体动物，蠕虫，浆果；在喂食器中，欧亚鸲会取用小种子和油脂类食物。

巢 杯状巢，用植物的茎和叶筑成；能很好地隐藏在较低的位置或是地面上，通常靠着有斜面的地方。

欧亚鸲圆润的身材、乌黑发亮的大眼睛、漂亮的橙色胸部，以及自信的状态，使它到哪里都很受欢迎。

观察看欧亚鸲的秘诀是拿把长柄铁锹把花坛的土翻一翻。只要几分钟，这种鸟就会飞来，准备好啄食蚯蚓和幼虫。然而，这种鸟并不是在任何地方都这么大胆的。只是在年代较久的花园里，我们有更多的机会遇到这种比较自信大胆的鸟；而在新建成的花园，就说不准了。

无论如何，欧亚鸲都会到花园里来。尽管它可能会比较谨慎，但还是可以在极佳的条件下观察它的。要想在近处观察这种富有表现力又惹人喜爱的鸟，钉着喂食器是一个不错的办法。

园丁们总以为在他们的花园中只有一只欧亚鸲，而且每次飞回来的都是同一只。然而，事实并非如此。尽管某一只欧亚鸲可能在同一个地方停留一段时间，有时甚至是连续两年或者更长，但它会习惯性地转换地方。如此年复一年，就会有不同的个体出现在花园中。

---

1 欧亚鸲，在文学作品中常被译为"知更鸟"。此处根据《世界鸟类分类与分布名录》翻译为通用中文名"欧亚鸲"。——编者注

欧亚红尾鸲

分类

目：雀形目 / **科**：鹟科 / **拉丁学名**：*Phoenicurus phoenicurus*

鸣声

虽然欧亚红尾鸲的鸣唱声类似短句且变化不大，但其悠扬的曲调听起来让人很舒服。

形态特征

体长：14厘米 / **翼展**：20.5~24厘米 / **体重**：10~20克 / **寿命**：10年以上

在哪里观察它？ 它通常栖息在屋顶、电视天线或枯树枝的显眼处；在树叶丛中很难找到它；它也会停在地面上。

行为特征 与生活在森林里的欧亚红尾鸲相比，那些经常光顾花园的欧亚红尾鸲不太怕人；它窥伺着昆虫及毛虫，一旦有所发现，便从栖息处飞向它们或者直接在树叶里捕食它们；它的歌声有固定的旋律，音调忧郁。

食物 昆虫和浆果。

巢 松散的杯状巢；筑在树洞或者墙洞里。

它是住在花园里的奇才！华丽的雄鸟可以与某些外来的鸟类相媲美，而且它的歌声也很美妙。

在那些欧亚红尾鸲经常光顾的民居和花园里，观察它并不难。与欧亚鸲相比，它明显少了点自信，但它仍然会允许观察者在距离它几米外的地方观察它。欧亚红尾鸲喜欢停在显眼的位置上鸣叫，或者是守望那些潜在的猎物。屋顶、天线、排水管的一角、木桩、枯树枝，都是我们可以期待看到欧亚红尾鸲的地方。

它也会到地面上来捉虫子。当喂养巢中的雏鸟时，成年鸟会衔着食物频繁来回，此时很容易看到它们。

与同属的赭红尾鸲不同，欧亚红尾鸲是个长距离迁徙者，它会飞到非洲过冬。春天，特别是4月，第一批鸟就会迁徙回来。而到了秋季，最后一批鸟会在10月离开法国。这种迷人的鸟儿要在越冬的地方面对那难以预料的干旱气候。

赭红尾鸲

分类

目：雀形目 / **科：**鹟科 / **拉丁学名：** *Phoenicurus ochruros*

鸣声

赭红尾鸲的鸣唱声几乎总是分成三个部分，其中的第二个部分是一种特殊的、类似捣碎玻璃的声音。

形态特征

体长：15~16厘米 / **翼展：**25~27厘米 / **体重：**16~18克 / **寿命：**10年

在哪里观察它？ 赭红尾鸲喜欢栖息在墙壁、屋顶、烟囱或天线的显眼处；在花园里，它会停在柱子、木桩或者电线上，有时也在小灌木上。

行为特征 不太怕人的它毫不掩饰地展示自己，但通常会与人保持一定的距离；赭红尾鸲受惊的时候会一直不停地叫"huit-tré, huit-tré, huit-tré"；它的歌声一成不变，很保守，开头是一段短暂的序曲，紧接着暂停，之后发出捣碎玻璃的声音，最后用一个吱喳的音符作结尾。

食物 昆虫和浆果。

巢 筑在建筑物上开口较大的洞穴中或有支撑物的角落。

严格地说，它不属于那些我们可以称之为"花园主人"的鸟类，但我们还是能够在花园里定期见到它。

赭红尾鸲喜欢生活在岩石上。后来为了适应环境，它也会在其他地方生活，也就是说一部分赭红尾鸲的生活环境从悬崖峭壁过渡到了纪念碑、废墟和居住区，以及这些地方周围的花园。

首先要在高处找它，比如屋顶、烟囱、电视天线和墙顶。虽然它会花很多时间在建筑物上，但它也很乐意到花园里来，以扩大它的捕猎范围或是在合适的季节里采食浆果。这些都是观察它的好地方。它很容易激动，会时刻保持警惕，总是惊跳着，美丽的红色尾巴一颤一颤。

在花园里，它喜欢栖息在柱子、木桩或杆子的顶部，也会在地面上小步跳跃。

在气候温暖的地区，全年都可以看得到赭红尾鸲；而在其他的地方，它只在夏季来访。

欧洲丝雀

分类

目： 雀形目 / **科：** 燕雀科 / **拉丁学名：** *Serinus serinus*

鸣声

欧洲丝雀在树冠上或者在求偶飞行中发出的鸣唱，是一串疯狂又欢快的噼啪声。

形态特征

体长： 11~12厘米 / **翼展：** 20厘米 / **体重：** 11~14克 / **寿命：** 超过7年

在哪里观察它？ 在地面上或者在树的较高处。

行为特征 欧洲丝雀在地面上的时候比较怕人，但当它栖息在树上且人够不着它翅膀的地方时就没那么胆小了；它会在求偶飞行中鸣唱，这个时候它会画出一道变幻莫测的飞行路线，并且减缓翅膀的拍打节奏；从夏末开始，尤其是在冬季，它们会或多或少地群聚在一起；它的鸣唱声仅限于一种吱吱作响的金属音符。

食物 在地面上或者直接从植物中取食很小的种子、嫩枝、小芽。

巢 杯状巢，小巧精致；隐藏在树篱或小灌木中。

这种小巧的鸟儿是金丝雀的近亲，它那活泼的性格让人惊叹。成年雄鸟身上长着柠檬黄的羽毛，值得一看。

从前在法国，只能在南部的地中海地区看到欧洲丝雀。自20世纪末起，它已经遍布全法国。这得益于栖息地的显著扩张，使它终于肯频繁光顾法国大部分地区的花园和公园。

欧洲丝雀并不总是容易被观察到。一方面是因为它的数量并不是到处都繁多，另一方面也是因为它的行为习惯。它很喜欢栖息在树上的较高处，自如地躲在树叶之后。冬天树叶稀疏本会方便观察，但在这个时期，欧洲丝雀会离开某些地区，它的数量急剧减少。秋天，当成年鸟和幼鸟聚在一起到草丛和荆棘丛中觅食时，是一个观察它们的好机会。在地面上，欧洲丝雀的小巧身形很容易被植被所遮掩。然而在春天，雄鸟在求偶飞行时的歌唱表演很是引人注目。

普通鸭

分类

目： 雀形目 / **科：** 鸭科 / **拉丁学名：** *Sitta europaea*

鸣声

雄鸟的演唱会曲目众多，在长哨声和卷舌音中相互交替，它的鸣唱声惊人地响亮且悠长。

形态特征

体长： 13.5厘米 / **翼展：** 26-27厘米 / **体重：** 20~25克 / **寿命：** 约13年

在哪里观察它？ 在树干或粗树枝上很容易看到它。

行为特征 普通鸭不太怕人也很好动；它经常发出各种不同的声音，比如反复吹鸣的"huit"，还有惹人注意的"bibibibibibibibibi"；它也很乐意光顾喂食器。

食物 小型无脊椎动物和树种子（翅果、坚果等）；在喂食器前，它会取食葵花籽。

巢 筑在树洞里，通常是大斑啄木鸟的旧巢，有时也会占据鸟巢箱。

普通鸭精力充沛，它在树上不停地动来动去，同时发出响亮的叫声。观察它活动是件很愉快的事。

在花园里，普通鸭已经不害怕人类了，在保持谨慎的同时，它也在适应与人类共处。

要观察它，得找到它会经常光顾的树——凭它喋喋不休的叫声，发现它的位置也不难。

这个完美的攀爬家喜欢比较老的树，那会使它的攀爬更容易。与啄木鸟和旋木雀不同，它可以在树干和粗大的树枝上向任何方向前进。之所以可以这样自由移动，是因为它不使用尾巴作为支撑点，而是利用爪子的力量来向上或是向下爬。看它像老鼠一样在树上爬来爬去是件很有意思的事。另外，喂食器也是个绝佳的观察点，有时可以很近地观察这只好动的鸟。

一般来说，成年普通鸭不会离开筑巢的地方超过1公里远，而幼鸟会在母巢方圆十几公里以内找到新的领地。

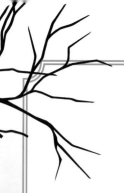

蚁䴕

......
分类
......

目：䴕形目 / **科：**啄木鸟科 / **拉丁学名：***Jynx torquilla*

......
鸣声
......

蚁䴕乐于让人听到它那一成不变的鸣唱声；永远不变的音节，是由其在求偶时发出的一连串哀怨、节奏持久的"oin"组成。

......
形态特征
......

体长：17厘米 / **翼展：**27厘米 / **体重：**30~40克 / **寿命：**约7年

在哪里观察它？ ▶ 在树上或者地面上。

行为特征 ▶ 蚁䴕比较怕人；它像啄木鸟一样在树干和大树枝上纵向活动。

食物 ▶ 昆虫；蚂蚁是它所偏好的食物。

巢 ▶ 在树洞或者鸟巢箱里。

不幸的是，在法国，蚁䴕是越来越少见的稀有物种之一。从前，每逢春回大地，这种奇特的鸟就用它那带着鼻音的歌声告诉我们它从非洲越冬地回来了。

和它的近亲啄木鸟一样，蚁䴕的每只脚上都是两趾向前、两趾向后，然而它被观察到的频率却比后者低得多。这真的很可惜，因为帮助它在树皮间伪装的独特羽毛值得仔细研究。它的羽毛图案复杂，圆点和斑纹颇多，使人很难准确地记住这些图案和标志在它身上的分布位置。

蚁䴕，得名于它在受惊时颈部可以像蛇一样扭转的惊人能力。[1]至于绰号"食蚁鸟"也是名副其实，这种鸟会利用它细长且充满黏液的舌头在地面上不知疲倦地捕捉蚂蚁，并尽情享用。

---

1 蚁䴕的法语名为"Torcol forumilier"，其中"Torcol"在法语中有扭脖子的意思。——译者注

欧斑鸠

分类

目：鸽形目 / **科：**鸠鸽科 / **拉丁学名：***Streptopelia turtur*

鸣声

欧斑鸠不知疲倦地发出持久的咕咕叫声。我们必须要靠近这位男歌唱家或者女歌唱家（因为两种性别的鸟都会发出咕咕的叫声），才能体会到这首歌曲的微妙之处，包括演唱中呼吸时的短暂停顿。

形态特征

体长：26~28厘米 / **翼展：**47~53厘米 / **体重：**100~210克 / **寿命：**13年

在哪里观察它？ 在地面上，栖息在树篱或树上（因为此时它隐藏在树叶中，并不总是很容易找到它）以及在飞行（短促地拍打翅膀）的时候。

行为特征 怕人，在受惊的时候会敏捷地飞走；它的求偶飞行先是在空中向上攀升，然后展翅向下滑翔。

食物 从低矮的地被植物（特别是球果紫堇）上取食种子。

巢 由短树枝搭成的平台；隐藏在大树篱、带刺的小灌木和针叶树中。

如果没有欧斑鸠那多少有点让人厌烦的歌声，夏季就少了些许喧闹的气氛。在7月的中午，正是气温升高的时候，它的歌声差不多是昏沉的大自然中唯一使人愉快的歌声了。从5月起，我们就可以听到它的歌声，它们从非洲归来，途经撒哈拉和地中海。不久以前，在这个漫长的旅途中，当它们经过吉伦特省的港湾时，还得面临偷猎者的射击……幸好这种荒谬的事情已是过去式。对欧斑鸠来说，这比面对严峻的过冬条件更残酷。

飞行中的欧斑鸠辨识度很高，它体形娇小，在飞行中近乎机械地快速拍打着翅膀。

灰斑鸠

分类

目：鸽形目 / **科：**鸠鸽科 / **拉丁学名：**Streptopelia decaocto

鸣声

这种斑鸠发出柔和的咕咕叫声，音调令人愉快但未免有些单调，几乎全年都可以听得到。

形态特征

体长：31~33厘米 / **翼展：**47~55厘米 / **体重：**125~240克 / **寿命：**约14年

在哪里观察它？ 地面、屋顶、空中的电线以及树上。

行为特征 通常它不怎么怕人，很乐意与人类接触；它的求偶飞行伴随着一个向下的滑翔，展开翅膀与尾羽；它会到鸟食槽或是到地面上享用从喂食器掉落的种子；它常常咕咕地叫，在飞行的时候会发出哼哼的鼻音。

食物 从地面上找到的种子、嫩枝、小芽。

巢 由短树枝铺成的一个简单的平台；筑在树上、建筑物上或其他人工支撑物上。

很少有鸟儿能如此适应与人类比邻而居。虽然它看起来很像家鸽，但两者是完全不同的物种。

1930年以前，灰斑鸠的分布区域还仅限于黑海和亚得里亚海之间。1950年，法国第一次记录到灰斑鸠的活动踪迹，是在孚日山脉上。1960年起，灰斑鸠的活动范围扩大至法国西部，之后在南部也出现了。

灰斑鸠不会在荒野繁衍，它习惯沿城市居住区、公园及花园的路线拓殖。

至今尚未清楚它为何采用这种拓殖方式，原因之一或许是人类的友善相待。分布广泛且普遍的灰斑鸠并不胆怯，它会毫不设防地来啄食给它准备的谷物。观察它的生活习性很有意思。同一个群体内，每个个体之间的关系很复杂：雄鸟与其竞争对手之间，冲突很频繁；同样地，雄鸟和雌鸟间的引诱行为也很常见。它们往往精力充沛，雄鸟、雌鸟相互追逐着飞行，伴随着颤鸣声，雄鸟直线上升又滑翔下降的求偶飞行非常壮观。

鹪鹩

··········
分类
··········

目： 雀形目 / **科：** 鹪鹩科 / **拉丁学名：** *Troglodytes troglodytes*

··········
鸣声
··········

鹪鹩的鸣唱声旋律绵长、节奏多变且带有爆破音的特点，其间快速交替、重复着不同的音符。

··········
形态特征
··········

体长： 9~10厘米 / **翼展：** 14.5厘米 / **体重：** 7.5~14克 / **寿命：** 超过6年

在哪里观察它？　很容易看到它；它通常跃到树枝顶部、小灌木最显眼的地方鸣唱。

行为特征　比较怕人、易紧张、活跃，它在林间活泼好动，像啮齿类动物一样窜来窜去，扑棱棱地从一棵灌木飞到另一棵灌木；它会频繁发出鸣唱（有时甚至是在冬天），会发出生硬的卷舌音"trrrt"。

食物　小型无脊椎动物，尤其是昆虫和蜘蛛。

巢　球状巢，由苔藓筑成，入口在侧面；通常隐藏在树干或常春藤的斜茎上。

　　一个精力十足的毛绒球上插了一条时刻翘起来的尾巴，这个简洁的描述足以形容鹪鹩。

　　在农村，大家都认得鹪鹩，尽管它常常被错认为"戴菊"。它长得很可爱，身形小巧且圆滚滚的，但它的性格不够温顺。它的领地意识极其强烈，大部分的时间它都在领地边缘唱歌，它的领地面积大约有1公顷，这相对于它的身材来说称得上是辽阔。

　　鹪鹩经常在植被中像啮齿动物一样窜来窜去。当它展翅从一棵灌木飞到另一棵灌木的刹那间看上去就像一只大昆虫，它短而圆的翅膀拍得如此之快，犹如昆虫振翅。

　　有时它愿意暴露自己，尤其在它高声长鸣的时候。它会跳到开阔的树枝上、一堆木头上或是墙上的一角，喙大大地张开，引吭高歌。

　　冬天是观察它的好季节。在冬季，它是少有的会展现自己的歌手。此时植被也没有那么茂盛，因此更容易注意到它，观察它的机会也就更多了。

欧金翅雀

分类

目： 雀形目 / **科：** 燕雀科 / **拉丁学名：** *Chloris chloris*

鸣声

欧金翅雀是个好歌手，它会在栖息的时候或者是在空中画出一段变幻莫测的飞行路线时鸣唱，这样更能让它的竞争对手听到。

形态特征

体长： 13~14厘米 / **翼展：** 25~27厘米 / **体重：** 25~35克 / **寿命：** 13年

在哪里观察它？ 它很乐意栖息在显眼的地方，如树枝末梢、树篱、小灌木或大树的树冠。

行为特征 欧金翅雀不太怕人，但仍保持谨慎；它的求偶飞行非常壮观，边鸣唱边在树冠之上的空中画下飞行的路线，犹如机械玩具似的拍打着翅膀；它经常光顾喂食器。

食物 偏好玫瑰和犬蔷薇的种子；在鸟食槽上，它酷爱葵花籽。

巢 杯状巢，由植物纤维筑成；筑在小灌木、树篱和大树上。

欧金翅雀的羽毛绿中带黄，它生性活泼，在花园里很受欢迎。然而，并不是所有人都认识它，有时人们还把它当成普通的麻雀。

发现欧金翅雀、观察它的习性都比较容易，因为在法国的大多数省份它全年都会出现。它乐于光顾花园，即使是比较小的花园；它也很喜欢靠近居民区。

这种鸟通常群居生活，尤其是在春夏。它是喂食器的常客，遇见它毫无困难。另外，我们也不要错过它的歌声，因为它从不吝惜展示自己的鸣叫与春日之歌。它一展歌喉的求偶飞行同样也是一个欣赏它的好机会。

欧金翅雀会视情况停留在不同的地方：多疑时或者想在最佳条件下唱歌时，它会站在树冠上；如果它准备到地面上取食果实或准备到鸟食槽上时，它会站在小灌木、灌木丛，甚至荆棘丛上；它也会停留在地面上寻找谷物或它喜欢的种子。

桂图登字：20-2021-251 号

Les milles secrets des oiseaux
All images and paper cut-outs were made from Shutterstock illustrations.
©First published in French by Rustica, Paris, France—2018
Simplified Chinese translation rights arranged through Divas International

Simplified Chinese translation edition published by Ginkgo (Beijing) Book Co., Ltd.
本书中文简体版权归属于银杏树下（北京）图书有限责任公司。

图书在版编目（C I P）数据

鸟之千谜 /（法）吉扬·勒萨弗尔，（法）瓦莱里·
维多著；何艳红译 . -- 桂林：漓江出版社，2021.5
    ISBN 978-7-5407-9022-6

Ⅰ . ①鸟… Ⅱ . ①吉… ②瓦… ③何… Ⅲ . ①鸟类—
世界—图集 Ⅳ . ① Q959.708-64

中国版本图书馆 CIP 数据核字 (2021) 第 019456 号

鸟之千谜
NIAO ZHI QIAN MI

作　　者　[法]吉扬·勒萨弗尔　瓦莱里·维多　　　译　者　何艳红

出 版 人　刘迪才　　　　　　　　　　　　出版统筹　吴兴元
编辑统筹　郝明慧　　　　　　　　　　　　责任编辑　杨　静
特约编辑　贾蓝钧　　　　　　　　　　　　装帧制造　墨白空间·张静涵
责任监印　黄菲菲

出版发行　漓江出版社有限公司　　　　　　社　　址　广西桂林市南环路 22 号
邮　　编　541002　　　　　　　　　　　　发行电话　010-65699511　0773-2583322
传　　真　010-85891290　0773-2582200　　邮购热线　0773-2582200
网　　址　www.lijiangbooks.com　　　　　　微信公众号　lijiangpress

印　　制　北京盛通印刷股份有限公司　　　开　　本　889 mm × 1194 mm　1/16
印　　张　8.75　　　　　　　　　　　　　字　　数　150 千字
版　　次　2021 年 5 月第 1 版　　　　　　印　　次　2021 年 5 月第 1 次印刷
书　　号　ISBN978-7-5407-9022-6　　　　　定　　价　99.80 元

漓江版图书：版权所有，侵权必究
漓江版图书：如有印装问题，可随时与工厂调换